网店装修

主 编 王成志

副主编 刘小榴 周 旋

北京理工大学出版社

BEIJING INSTITUTE OF TECHNOLOGY PRESS

图书在版编目 (CIP) 数据

网店装修 / 王成志主编 .—北京：北京理工大学
出版社，2020.9

ISBN 978-7-5682-8882-8

Ⅰ . ①网… Ⅱ . ①王… Ⅲ . ①电子商务—网站—设计
Ⅳ . ① F713.361.2 ② TP393.092

中国版本图书馆 CIP 数据核字 (2020) 第 147194 号

出版发行 / 北京理工大学出版社有限责任公司

社　　址 / 北京市海淀区中关村大街 5 号

邮　　编 / 100081

电　　话 / （010）68914775（总编室）

　　　　　（010）82562903（教材售后服务热线）

　　　　　（010）68948351（其他图书服务热线）

网　　址 / http：//www.bitpress.com.cn

经　　销 / 全国各地新华书店

印　　刷 / 定州市新华印刷有限公司

开　　本 / 787 毫米 × 1092 毫米　1/16

印　　张 / 14.5

字　　数 / 317 千字

版　　次 / 2020 年 9 月第 1 版　2020 年 9 月第 1 次印刷

定　　价 / 39.80 元

责任编辑 / 陆世立

文案编辑 / 代义国　陆世立

责任校对 / 周瑞红

责任印制 / 边心超

前言

互联网时代，网络营销势头大好，全网营销、整合营销、全网整合营销等字眼频繁出现在人们的视野中，随着市场认知的不断加深，全网营销成为各行各业必争的营销方式。纵观近几年互联网的发展趋势，不得不说随着互联网技术的不断进步，互联网为营销带来了许多独特的便利，网络营销正成为营销的主流方式。

电子商务的大力推进，使得网上开店成为众多年轻人创业的新模式。每年"双十一"电商大战，决定胜负的，除了商品和价格外，店铺的门面也很重要。在现实生活中，很多消费者被店面风格吸引而购物，为了招徕消费者，网店也同样需要"装修"才能吸引消费者。这就催热了围绕电商次生的行业——网店装修设计。

本书根据网店装修的整体流程，贯通各章节的内容与任务，理论体系完整，具有针对性、完整性、实用性和丰富性等鲜明特色。本书共分九章，从网店装修认知入手，系统地介绍了网店装修基础知识、网店装修前期准备工作、商品主图与详情页设计、店标设计、海报的设计与制作等网店装修知识。全书结构清晰，内容由浅入深、循序渐进，案例丰富，有较强的针对性和实用性，方便教学与阅读。

本书内容以学生为主体，让学生亲身体验真实的网店装修实践，在"做中学，学中做"；帮助学生掌握网店装修的相关知识和技能，激发学生学习的兴趣和培养学生自主学习的能力。

本书可作为中职院校电子商务、市场营销、信息管理等相关专业的教材使用，也可做电子商务从业人员的培训教材使用。

本书建议每周 6 学时，共计 108 学时。具体分配如下：

项目	内容	理论学时	实训学时	学时合计
第一章	网店装修概述	2	4	6
第二章	网店装修入门（一）	4	5	9
第三章	网店装修入门（二）	5	8	13
第四章	商品主图设计与制作	6	9	15
第五章	详情页的设计与制作	6	8	14
第六章	海报的设计与制作	5	9	14
第七章	店铺首页装修	7	9	16

续表

项目	内容	理论学时	实训学时	学时合计
第八章	微店铺装修设计与制作	4	7	11
第九章	活动专题页装修与网店管理	4	6	10

本书内容结构如下：

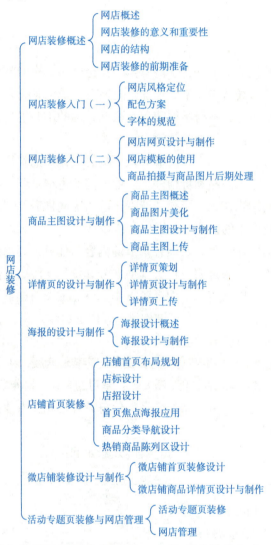

本书在编写过程中参考引用了大量资料，也得到了部分专家、学者的帮助，在此一并表示诚挚的谢意。由于编者水平和时间有限，书中不妥之处在所难免，恳请读者批评指正。

编者

2020 年 9 月

目录

第一章　网店装修概述 ·· 1
第一节　网店概述 ·· 3
第二节　网店装修的意义和重要性 ·································· 5
第三节　网店的结构 ·· 6
第四节　网店装修的前期准备 ······································ 8

第二章　网店装修入门（一） ·· 17
第一节　网店风格定位 ·· 19
第二节　配色方案 ·· 23
第三节　字体的规范 ·· 31

第三章　网店装修入门（二） ·· 39
第一节　网店网页设计与制作 ······································ 40
第二节　网店模板的使用 ·· 43
第三节　商品拍摄与商品图片后期处理 ····························· 49

第四章　商品主图设计与制作 ·· 65
第一节　商品主图概述 ·· 67
第二节　商品图片美化 ·· 69
第三节　商品主图设计与制作 ······································ 78
第四节　商品主图上传 ·· 90

第五章　详情页的设计与制作 ·· 99
第一节　详情页策划 ·· 100
第二节　详情页设计与制作 ·· 109
第三节　详情页上传 ·· 121

第六章　海报的设计与制作 …… 125
第一节　海报设计概述 …… 126
第二节　海报设计与制作 …… 132

第七章　店铺首页装修 …… 145
第一节　店铺首页布局规划 …… 147
第二节　店标设计 …… 149
第三节　店招设计 …… 159
第四节　首页焦点海报应用 …… 168
第五节　商品分类导航设计 …… 174
第六节　热销商品陈列区设计 …… 179

第八章　微店铺装修设计与制作 …… 186
第一节　微店铺首页装修设计 …… 187
第二节　微店铺商品详情页设计与制作 …… 191

第九章　活动专题页装修与网店管理 …… 209
第一节　活动专题页装修 …… 210
第二节　网店管理 …… 215

参考文献 …… 224

网店装修概述

【知识目标】

1. 了解网店装修的作用和意义。

2. 掌握网店的基本结构。

3. 了解网店装修设计的注意事项及装修工具。

【技能目标】

1. 能够做好网店装修的前期准备工作。

2. 能够进行网店装修规划。

3. 熟练操作网店装修软件。

【知识导图】

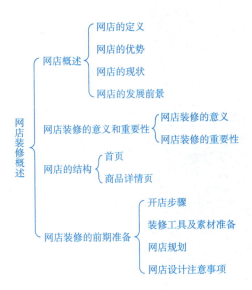

情境导入

在网络购物时,网店装修给顾客的第一印象就决定了顾客对网店的直观感受。小清新?中国风?抑或是现代简约?质量好不好?售后怎么样?等等,顾客通过初步浏览已对网店有了基本判断,虽然品牌、价格等因素也是定位的重要条件,但是排在首位的还是视觉印象。因此,网店的视觉定位几乎就等于网店的定位。

因店铺主营类目不同,店铺的装修风格也应有变化,需要与店铺所售商品一致。合适的装修风格会为店铺带来较高的转化率。若店铺装修与产品风格不一致,则会给进店的顾客带来较差的购物体验,增加顾客的跳失率。图1-1、图1-2是两家化妆品店铺的首页,请问这两个首页给你留下了什么样的印象?

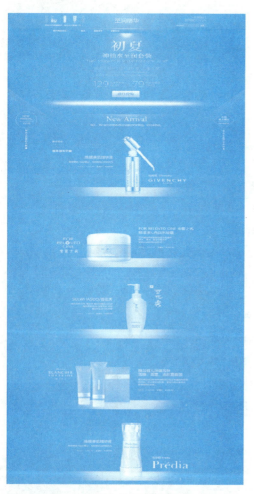

图1-1 某化妆品店铺首页1

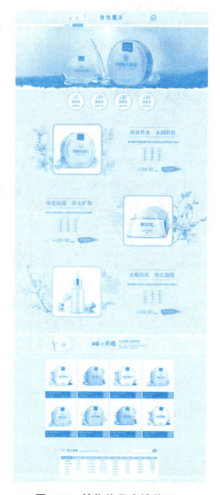

图1-2 某化妆品店铺首页2

（1）图1-1的第一感觉是数码电器类网店的装修风格。对于化妆品店，应选择干净、清爽的配色，黑色显不出高端反而有点压抑。

（2）图1-2以浅色系为主，配色清新、自然，对化妆品类目来说，这种清爽、干净的装修风格更能凸显化妆品的商品定位。

所以说一个好的网店装修，是一种营销，一种推广。差的网店装修效果，无论多么名贵的商品都体现不出商品的价值。

开网店的人都知道一句名言——"一张美图胜千言"。当顾客看不到商品实物时，商家只能用图片来进行说明，以展示商品的属性、功能、效果等商业价值，达到让顾客心甘情愿买单的目的。所以，图片的美化是网店运营日常工作中不可或缺的内容，也是在销售商品过程中起着决定性作用的重要环节。

网店的美化与实体店面的装修一样，都是为了让店铺变得更加吸引人，使顾客流连忘返。店铺的美化和装修就是在平台允许的结构范围内，尽量通过图片、程序模板等让店铺更加美观。网购的顾客都是通过网上的图片和文字来了解商家和产品的，所以，店铺设计得好不仅能增加顾客的信任感，甚至还能对店铺品牌的树立起到关键作用。

普通店铺的结构基本上是固定的，只能做少量的装饰处理，功能性不强；而旺铺的结构自由度则非常大，店内营销功能也很多。美观、功能强大的店铺往往可以使顾客停留更长的时间，如果把店内营销引导也做得很到位，那么，顾客在店铺停留的时间越长，成交的可能性也就越大。本章主要与大家分享网店装修的基本思路。

第一节　网店概述

一、网店的定义

网店作为电子商务的一种形式，是一种能够让人们在浏览商品的同时进行购买，且通过各种在线支付手段进行支付完成交易的网站。大多数网店都是使用淘宝、唯品会、京东等大型网络贸易平台完成交易的。

二、网店的优势

1. 方便快捷

网店不用装修、采购等，点点鼠标、敲敲键盘就可以开个网店。

2. 交易迅速

买卖双方达成意向之后可以立刻付款交易，通过物流把货品送到买家的手中。

3. 不易压货

商家可以没有实体店铺，也不用注册公司，而仅仅开一个网络店铺，就可以把商品卖

到全国，这也是网店吸引人的一个特点。

4. 打理方便

不需要请店员看店，不需要上货，摆放货架，一切都是在网上进行，货品下架后只需要单击一下鼠标就可以重新上货。

5. 形式多样

无论卖什么都可以找到合适的形式，如果有比较多的资金可以利用通用的网店程序进行搭建，也可以选择比较好的网店服务提供商进行注册然后交易。

6. 安全方便

线上交易不能提供实实在在的亲身体验，造成顾客往往喜欢与自己更信任的商家交易。如果第一次交易顺利，就会提高顾客回头率。所以网店需要给顾客提供更多的信任体验机会。

7. 应用广泛

所有人都可以在网上买到称心如意的商品，只要可以上网，开通了网络支付功能，就可以在全国范围内随时购买，省去了不少路费。

三、网店的现状

互联网的发展催生出各种 B2C、C2C 电子商务平台，尤其以淘宝、京东为代表的电子商务平台，在为人们带来一种更加灵活的购物方式的同时，也为许多普通人提供了一个灵活、方便、低门槛甚至零门槛的创业机会，即"网上开店"。如果要涉足网上开店，首先必须对网店和自己有一个清晰全面的认识。

从当前的网上开店的现状与政策来看，互联网为世界带来了翻天覆地的变化，同时也给年轻人提供了数之不尽的创业机会。近些年我国网民数量也在日益增长，中国互联网络信息中心（CNNIC）在京发布的第 44 次《中国互联网络发展状况统计报告》（以下简称《报告》）显示，截至 2019 年 6 月，我国网民规模达 8.54 亿，较 2018 年底增长 2598 万，互联网普及率达 61.2%，较 2018 年底提升了 1.6 个百分点；我国手机网民规模达 8.47 亿，较 2018 年底增长 2984 万，网民使用手机上网的比例达 99.1%，较 2018 年底提升了 0.5 个百分点。与五年前相比，移动宽带平均下载速率提升约 6 倍，手机上网流量资费水平降幅超 90%。"提速降费"推动移动互联网流量大幅增长，用户月均使用移动流量达 7.2GB，为全球平均水平的 1.2 倍；移动互联网接入流量消费达 553.9 亿 GB，同比增长 107.3%。线下支付习惯已经形成。截至 2019 年 6 月，我国网络购物用户规模达 6.39 亿，较 2018 年底增长 2871 万，占网民整体的 74.8%。网络购物市场保持较快发展，下沉市场、跨境电商、模式创新为网络购物市场提供了新的增长动能：在地域方面，以中小城市及农村地区为代表的下沉市场拓展了网络消费增长空间，电商平台加速渠道下沉；在业态方面，跨境电商零售进口额持续增长，利好政策进一步推动行业发展；在模式方面，直播带货、工厂电商、社区零售等新模式蓬勃发展，成为网络消费增长的新亮点。

四、网店的发展前景

2015 年，政府部门出台多项政策促进网络零售市场快速发展。《"互联网＋流通"行动计划》和《关于积极推进"互联网＋"行动的指导意见》明确提出：推进电子商务进农村、进中小城市、进社区，线上线下融合互动，跨境电子商务等领域产业升级；推进包括协同制造、现代农业、智慧能源等在内的 11 项重点行动。上述政策有利于电子商务模式下大消费格局的构建。《中共中央关于制定国民经济和社会发展第十三个五年规划的建议》提出将"共享"作为发展理念之一，而网络零售的"平台型经济"顺应了这一发展理念，使广大商家和消费者在企业平台的共建共享中获益。

近年来，随着互联网的飞速发展，网络购物平台也在日趋增加，这促使电子商务成为互联网时代的一个热门行业。网络技术的发展促进了电子商务的进步，使网上购物成为一种可能。网上购物具有不受时间限制、选择范围广、商品种类多、价格便宜、方便快捷等显著特点，因此受到大众的喜爱和推崇。

利用网络购物平台，低成本开店创业，成为越来越多创业者的选择。很大一部分人一路坚持到今天，已做出了很好的成绩，由最初的一个网店，不断地扩大规模，走上了发财致富的道路。利用网络平台购物的人越来越多，越来越多的人享受在家购物的方式。从发展预期看，我国互联网渗透逐步加深的势头不可逆转，网络购物供需面持续积极向好，这些都将推动网络购物在未来较长时间实现较为稳健的增长。

第二节　网店装修的意义和重要性

一、网店装修的意义

网店装修对于网商来说一直是个热门话题，对于网上店铺来说，独具特色的形象设计（网店标识等）能使网店外在形象长期保持发展，为网店塑造更加完美的形象，加深顾客对网店的印象，同时让顾客感知，从而使其产生心理上的认同感。作为一个交易场所，网店装修的目的就是促进交易的进行。对于网络这个虚拟的环境，网店装修设计的重要性不言而喻。

1. 品牌识别

网店装修能实现品牌识别的功能。对于实体店来说，形象设计一方面能使其外在形象长期保持发展，另一方面为店铺塑造更加完美的形象，加深消费者对企业的印象。同样，建立一个网店，也需要名称、独具特色的标识和区别于其他网店的色彩风格。一方面作为一个网络品牌容易让消费者所感知，从而使其产生心理上的认同感；另一方面，其作为一个企业的 CI 识别系统，让自己的网店区别于其他竞争对手。

2.空间使用率

出于空间使用率的考量，对于一个实体店铺来说空间产出率是衡量一个店铺效益的重要标准，因而每一个商家都尽量在有限的空间内增加产品的数量，并尽力使每件商品都能和消费者有所接触。对于网上开店者来说，只有消费者能接触到的位置才是有价值的。对于消费者来说，其花费在购物上的时间也是要计入其购物成本之中的。因此需要增加虚拟网店空间的利用率和消费者的有效接触率。要完成这两个目标：一方面需要提升网店空间的使用率，让单一的网店容纳更多的产品；另一方面则需要在产品之间的关联和产品分类的优化上下功夫，给予消费者最大的选购空间和最简便的购物流程。

3.购物体验

在网店环境的设计中，人机界面的设计是最重要的。其实用户界面的友好度很早就被众多的互联网设计者所重视。消费者第一次进入商家的店面，很难一下子就对产品的优劣进行评定，首页、详情页设计得美观，消费者才会有兴趣继续了解商品，若首页就使消费者产生了好感，使消费者对界面的布局产生了共鸣，就足以给消费者留下第一印象，进而使消费者被详细的描述和良好的评价所打动，那么在其后的购买行为中，他的内心就会趋向认同，才会产生购买欲望并下单。

二、网店装修的重要性

网店商品非常重要，但是绝对不能够忽视网店装修。正所谓三分长相七分打扮，网店的页面就像是附着了店主灵魂的销售员。网店的美化如同实体店的装修一样，能让消费者从视觉上和心理上感觉到店主对网店的用心，并且能够最大限度地提升网店的形象，有利于网店品牌的形成，从而提高浏览量。

增加消费者在网店停留的时间，漂亮的网店装修给消费者带来美感，消费者浏览网页时不易疲劳，自然会细心查看网页。好的商品在诱人的装饰品的衬托下，会使人更加不愿意拒绝，有利于促进成交。

第三节　网店的结构

随着智能手机的普及，越来越多的人喜欢使用手机端登录购物网站购买商品，但手机屏幕和计算机屏幕的大小不同，网店页面的显示侧重点也有区别，所以手机端和计算端的网店结构存在差异。下面主要以计算机端网店为例，讲解网店的结构。网店主要由首页、商品详情页两大部分构成，而每个页面中板块的设置可以根据自己的需求自由确定。

一、首页

网店的首页（见图 1-3）也就是顾客进入网店时所看到的第一个页面，它主要包括网店的店招、页面导航、商品海报、商品展示区、左侧展示区域、页尾区域等。

图 1-3　某网店的首页

二、商品详情页

网店的商品详情页就是每件商品的详细介绍页面，它主要包括网店的商品主图、商品信息区、商品推荐、商品详细信息区等，如图 1-4 所示。

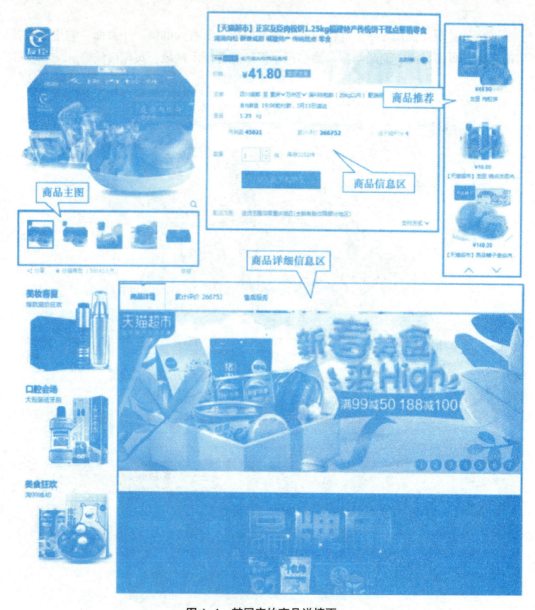

图1-4　某网店的商品详情页

第四节　网店装修的前期准备

一、开店步骤

网上开店与开传统的店铺没有区别，开网店之前首先要考虑好经营什么产品，然后选择开网店的网站，如淘宝网、京东、唯品会、拼多多等大型网络贸易平台，可以根据情况选择。开网店有以下几个步骤。

1. 调研市场，确定所卖产品

无论做什么都少不了调研，而市场调研可以让我们清楚行业市场行情，电商也是如此，要做好市场调研，确定所卖产品。

2. 选择开网店的平台或网站

根据情况选择网店平台，如淘宝网、京东、唯品会、拼多多等大型网络贸易平台。

3. 注册账号，实名认证，开通网店

网上开店一般都以实名制和身份证等有效证件进行注册，详细填写店铺的分类，并为网店起一个有特色的名字，以便吸引人气，推广店铺。

4. 货源准备、拍照

低价进货、控制成本非常重要。至于进货渠道可以从批发市场、网站或厂家那里直接进货。之后为商品拍摄照片。实拍照片能让消费者感到真实，也能体现卖家的用心。照片拍好后，可以在照片上设置水印，标明店名、店址，防止他人盗用图片。

5. 装修网店

网店装修对于网商来说非常重要。对于网上店铺来说，独具特色的网店标识等能为网店塑造更加完美的形象，加深消费者对网店的印象，从而使其产生心理上的认同感，产生购买欲望并下单。本书以下几个章节将对网店装修进行详细叙述。

6. 商品上架

需要把每件商品的名称、产地、所在地、性质、外观、数量、交易方式、交易时限等信息填写在网站上，名称应尽量全面，突出优点。

7. 网店推广

除了开店初期的营销推广外，还要在网上网下多种渠道一起推广，还可以利用不花钱的广告，如与其他网上店铺或网站交换链接等方式推广网店。

8. 售中服务和快速发货

消费者在决定是否购买的时候，很可能需要很多店铺没有提供的信息，因此商家及时、耐心地回复消费者的提问是非常必要的。收到打款通知后，还有运送关要过，不管是平邮还是快递，都要用尽可能省钱的方式将货物安全地运送到消费者手中。

9. 售后服务

货物卖出不代表交易就此结束，还有售后服务。不管是技术支持还是退换货服务，都要做到位，才是一位好卖家，才会有回头客。信用是网上交易中很重要的因素，如果交易满意，消费者最好给予商家好评，而商家要通过提供良好的服务获取消费者的好评。如果交易失败，消费者应给予差评，或者向网店平台投诉，以减少损失，并警示他人。如果接到消费者投诉，商家应尽快处理，以免给自己的信用留下污点。

二、装修工具及素材准备

网店想要设计得好看，材料就一定要好。实体店铺装修需要选择精美的装修建材，网店装修则离不开精美的素材。在装修网店前，需要准备好装修时需要用到的各种素材文件，避免用的时候没有合适的素材。有了好的"材料"，再加上精美的设计，这样装修出来的网店才能吸引消费者的目光。

1. 购买合适的单反相机或数码相机

网店里的商品完全是靠图片展现给消费者的。如果商家有充足的预算，可以请专业的摄影师来拍摄。一般来说，服装、化妆品之类的商品单件的拍摄费用大约是十几元到几十元不等；如果是比较贵重的商品，如手机、珠宝等，对摄影师的要求则相对较高，摄影师一般都是按张数收费，少则几十元一张，多则几百元一张。对于许多网店新手来说，自己动手是一个节省费用的好办法。这样一来，相机便成了必不可少的装备。

购买相机的时候需要多选几款进行对比（有的相机对红色不敏感，有的则对绿色不敏感）。此外，不要在相机上查看照片的效果，一定要拍摄后放在电脑屏幕上放大来看显示的效果。

2. 准备设计素材

那些装修得十分精美的网店，里面的图片一般也是十分精美的。因为素材精美，才能制作出美的画面，才能大大提升整个网店的视觉效果。

可以通过百度、360搜索等搜索引擎收集素材。以"百度图片"搜索为例，在搜索框中输入图片的关键词，通过关键词可以搜索到许多图片，这些图片大小不一，颜色也不尽相同，这时可以通过"全部尺寸"和"全部颜色"选项对搜索到的图片进行筛选，以便更精确地找到需要的素材。

3. 获取商品图片的存储空间

在装修网店的过程中，设计好的图片并不能直接使用，而是需要先将图片素材上传到图片空间，获取网址后才能使用。网店并不支持所有的网络相册，最简单的方法就是直接将图片上传到网店的图片空间中。

4. 下载安装网店装修软件

对网店进行装修时，一些常用的图片编辑软件是必不可少的，专业的如 Photoshop，非专业的如光影魔术手、美图秀秀等。

三、网店规划

1. 规划网店的装修风格

装修网店之前首先要确定网店的装修风格，卖什么商品，就要选择适合该商品的风格，不能随意设置，否则会显得不伦不类。

另外，网店的整体风格要一致。从店标到主页再到商品详情页，都应采用同一色系，最好有同样的设计元素，体现出整体感。在选择分类栏、网店公告、音乐、计数器等装饰元素的时候要有整体考虑。如果一会儿卡通可爱，一会儿浪漫温馨，一会儿又搞笑幽默，就会让网店装修风格不统一，这是网店装修的大忌。

2. 规划网店的设计元素

在装修网店之前，首先要清楚网店卖的是哪类商品，商品的特色是什么，面向的是哪类客户群。商家应该根据这些信息来设计网店，选择网店的装修风格。确定网店装修风格后，才能有针对性地收集设计素材。

例如，装修一家女装网店，可以有针对性地收集一些时尚、可爱的女装模特照片作为装修素材，比如可以在百度图片中输入"时装"这个关键词，搜索出大量有关时装的图片，可以根据网店服装的定位，选择一些合适的图片作为装修素材，但是一定要避免侵权。

除了在搜索引擎中输入关键词搜索素材外，还可以去一些专业的素材网站下载素材。例如，"素材中国"就是一个不错的素材网站，该网站有详细的素材分类，商家可以根据网店的需要寻找相应素材。

3. 规划网络空间

装修一个好的网店，前期的准备规划是不可缺少的。开店之前，需要确定商品销售的类型，然后收集装修素材，设计出个性化的网上店铺。如果对网店进行全套装修，还可以更好地运用旺铺的促销来吸引消费者，从而推动人气商品、促销商品的销售。

网络空间对于在网上开店的商家来说是必不可少的。因为网店管理中只支持基本图片的上传，而大部分商品说明、图片等相关信息必须放置在网络空间中。这就需要商家在网络上找到一个存储图片的空间，用来详细描述商品信息。

（1）免费空间相册。

互联网上有很多提供免费相册的网络，如网易、腾讯等，商家可以将商品图片上传到自己的相册中，实现上传并发布图片。但是免费相册有一些局限性，如会对图片的大小、格式有一定的要求，并且有的相册会在上传的图片上添加网站的标识，有时还会出现图片无法显示的情况，这可能是图片的地址发生了改变。因此，也可以使用微博存储图片、租用图片空间，也可以租用虚拟主机。

（2）通过微博存储图片。

通过微博存储图片的方法和在 QQ 空间上传图片大致是一样的。在相册中选中图片后右击鼠标，在弹出的下拉菜单中选择"属性"命令，复制图片地址，最后在商品描述里插入图片地址即可发布图片。

（3）租用图片空间。

图片空间一般都是由比较专业的服务器运营商进行运营和维护的，可以提供图片和 Flash 动画的上传，服务较安全、稳定，购买方式也比较灵活。商家可以根据自己的实际需要租用合适的存储空间。

（4）租用虚拟主机。

虚拟主机（virtual hosting）或称共享主机（shared web hosting），又称虚拟服务器，是

一种在单一主机或主机群上实现多网域服务的方法，可以运行多个网站或服务的技术。虚拟主机之间是完全独立的，并可由用户自行管理。虚拟并非指不存在，而是指空间是由实体的服务器延伸而来的，其硬件系统可以基于服务器群，或者单个服务器。虚拟主机是企业网站存放网站内容的一种普遍方式。虚拟主机系统稳定、管理方便，而且还能支持多种类型的文件，如图片、Flash 动画、网页等。虚拟主机适合希望拥有自己的购物网站或在网上开店的商家，因此在费用方面，较上述其他几种形式投入大。

四、网店设计注意事项

（一）网店起名的三个原则

1. 简洁通俗，朗朗上口

店名一定要简洁明了，通俗易懂且读起来要响亮畅达，朗朗上口。

2. 别具一格，独具特色

用与众不同的字眼，体现出一种独立的品位和风格，能吸引消费者的注意。

3. 与经营的商品相关

网店名用字要符合自己经营的商品，如果名字与商品无关，消费者会怀疑商家是否专业，自然也就很难成交了。

（二）店招设计注意事项

为了吸引更多的消费者浏览自己店铺，购买自己的商品，除了起一个好听的名字，还要做其他的工作，包括设计一个精美的网店店招。店招设计时要注意以下几个事项：

（1）做出自己的店标。

（2）创作一句过眼难忘的广告语。

（3）写一段精彩的网店介绍。

（三）商品描述模板

（1）商品描述模板是指商品介绍页使用的模板，是每次发布商品时都要用的一段代码。如果要对已经上架了的商品使用模板，同样需要逐个编辑修改商品描述（相当于重新上架）。

（2）商品描述模板不等于"网店模板"，描述模板只显示在商品介绍页，而普通网店的首页不可更改，只能从系统提供的几种风格中选择设置。

（四）装修需要重点装饰的位置

网店装修时最需要装饰的八个位置如下。

1. 商品描述模版

商品描述模版是用在商品描述页面的，就是打开一个具体的商品看到的页面。高手往往都很重视商贝描述的优化，很多新手则重视网店首页及模版的应用，认为加上几个模块、搞几个 Flash 感觉很不错。这种想法不对，首页固然重要，但是商品描述模版的作用就是将商品展示给消费者，这是决定消费者是否购买商品的最重要的环节，也是令消费者产生交易欲望的最后机会。

2. 网店公告

网店公告位置就是网店首页右上角位置的公告栏，这个位置可以调整来。

3. 店标

店标就是网店左上角位置的网店标志。

4. 分类栏

分类栏在网店首页的左边。用户可以在"管理我的网店"栏目中设置文字分类，也可以设计成图片导入到商品介绍页中。

5. 网店音乐

消费者一打开网店就能听到美妙的音乐了。

6. 统计工具

统计工具可以精确地记录每天有多少消费者浏览自己的网店。

7. 论坛头像和签名

论坛头像和签名是在网店平台的社区里发帖时用的，留下自己的足迹，以便勾起消费者回访自己网店的欲望。

8. 结构设计优化

网店结构设计之初就带入了优化的手法，如网店分类、导航、促销在左侧、右侧、自定义区的合理分布，以及商品详情页面的关联都是有必要的。

课堂练习

假如你想开一家网店，你将如何规划、装修、美化自己的网店，需要注意哪些事项？

知识链接

网店装修设计的注意事项

一、网店页面设计原则

网店页面设计既是一项技术性工作，又是一项艺术性很强的工作。因此，设计者在装修网店时除了考虑网店本身的特点外，还要遵循一定的艺术规律，从而设计出色彩鲜明、独具特色的网店。网店页面设计要遵循的审美三原则如下。

1. 特色鲜明

一个网店的用色、素材等必须有自己独特的风格，这样才能显得个性鲜明，突出行业属性，给消费者留下深刻的印象。装修网店前，商家一定要明白自己产品的属性、

特点以及它的行业特征，在此基础上为装修设计选择相应的色彩、插图等。例如，五金产品可以用红色、灰色，但是不适合用粉红色。

2. 搭配合理

网店页面设计虽然属于平面设计的范畴，但它又与其他平面设计不同。它在遵从艺术规律的同时，还考虑人的生理特点，因此，色彩搭配一定要合理，给人一种和谐、愉快的感觉，避免采用纯度很高的单一色彩，这样容易造成视觉疲劳。有的人喜欢把网店搞得花里胡哨，到处是动画，表面看起来很是丰富，其实并不能留住消费者。动画太多也晃得头晕，除非是卖LED灯光设备、舞台音箱这些产品的，否则不要添加太多动画。

3. 讲究艺术性

网店装修设计也是一种艺术活动，因此它必须遵循艺术规律。在考虑到网店本身特点的同时，按照内容决定形式的原则，大胆进行艺术创新，设计出既符合网店要求，又有一定艺术特色的网店。

二、网店装修设计小常识

网店装修设计的小常识如下。

1. 图片单位

在日常的设计工作中，常用字的单位是cm、mm等，但网页则是以"像素"为单位的。在设计时，一定要把PS的单位调整为"像素"。

2. 图片大小

图片的设计处理多数是由PS软件完成的，生成的是"位图"。其最大的不足之处就是，当图片发生放大、缩小、旋转等变化时会出现马赛克现象。所以，在设计过程中，一定要根据图片的实际大小来制作，不要把设计好的图片进行再次缩放。

3. 颜色模式

颜色模式也是很多新手最容易忽略的问题。计算机显示屏与网页显示的颜色为RGB模式，但PS软件有RGB与CMYK等多种模式可选。在制作网页图片时，PS的颜色模式项一定要选RGB，而用其他CDR或者AI制作图片时，导出JPG后，也要通过PS进行色彩的校正。

4. 图片格式

在网页中，常用的图片格式有JPG与GIF两种，JPG为有损压缩图片，GIF则可以制作成动画。

5. 保存大小

如果图片太大，会导致显示变慢，不利于浏览。对颜色不多的图片，如选择JPG格式，在"图像选项"中输入7就可以；如果是GIF图片，"颜色"项可选128或者200等。

 **知识回顾**

本章主要介绍了网店结构、网店装修的意义和装修需要的软件和素材准备工作及装修注意事项。使学生认识到网店装修的重要性，懂得在规划网店的时候，不能仅凭个人喜好任性而为。在网店装修时，要按照网店规划设计运用适合的装修软件和素材，将网店装修得完美，有效地留住消费者，加深消费者对网店的印象。

 **课后练习**

1. 什么是网店装修？
2. 网店装修有什么意义？
3. 网店装修前需要准备哪些工具？
4. 简述网上开店的基本流程。

拓展阅读

淘宝最牛老太太

2010年5月，随着淘宝网第二届创业先锋评选名单的揭晓，山东省临沂市51岁的宋琳女士被评为"十大网络创业先锋"之一。现在网友们都喜欢称呼宋琳为"最牛老太太"。宋琳的创业宣言是这样写的："梦想不是年轻人的专利，创业也没有年龄之分。"

2000年，47岁的宋琳因单位破产，被迫下岗。"当时，我和大家一起默默收拾自己的办公桌，整个人的心就像被掏空了一样难受。"想起当年，宋琳心情很复杂。找工作吧，没文凭，没技术，有的只是一把年纪；创业吧，没资金，没路子，万一弄不好，赚不到钱，恐怕连一辈子节衣缩食省下的少之又少的积蓄都得搭上。

随后，宋琳在其弟弟经营的毛线店里工作。但不甘平凡的她一直想着找点什么活干。"躺在床上睡不着，每天都琢磨着去干点什么。那个时候真是'夜想千条路，醒来还得卖豆腐'啊。"

2005年的一天，宋琳偶然在电视里看到一个节目，一位下岗女工因为孩子没人带，出去工作不方便，就在家里用电脑开店卖东西。当时宋琳除了好奇，还有些不以为然："平日里当面买东西还可能上当受骗呢，网上卖东西，看不清，摸不着的，谁敢买？"

怀着好奇心，抱着试试看的心理，宋琳最终选择了尝试一下。儿子帮着她注册会员，准备开店。开始不少人泼冷水："这么大年纪了，还玩什么高科技！"但是宋琳较上劲了，不懂电脑，就夜以继日地学习打字；没有相机，就先找人借。

开店卖什么呢？考虑到自己会织毛衣，正好弟弟家开毛线店，有很多好看的手工毛衣。宋琳找来几件特别漂亮的毛衣，拍好了照片，上传到网上。2005年11月26日，宋琳的网

上"千千结毛线店"正式宣布开张!

可是半年多过去了,挂在上面的商品一件也没卖出去。"就算不买,问问也行呀。电话有打错的,这网店怎么没有走错门的呀?"宋琳有些心急了。又过了半年,眼看着一年600元钱的网络使用费就要续期了,但网店仍是无人问津。"干脆关了得了,这一年就当是交学费了。"

就在要停网之前,突然有人打来电话说要货!宋琳赶紧打开电脑,和顾客对话。本来就不怎么会打字的手,当时更是哆嗦得打不出字了。宋琳马上打电话给儿子。幸好是周末,一小时后儿子回家。就这样,宋琳完成了第一笔交易。万事开头难,有了第一笔生意,宋琳和家人都决定坚持下去。

从此,每天早9点到晚12点,宋琳全天守候在电脑前面。没有顾客的时候,宋琳就在网上的社区学习、拍照、用Photoshop处理图片、找货源,整天忙得不亦乐乎。慢慢地,生意越来越好了。现在宋琳的儿子、老伴、妹妹等亲人都前来帮忙。四年过去了,在宋琳的网店上,买家好评率是100%,卖家好评率是99.99%。在销售旺季,宋琳的网店一个月能卖出几万元的毛线。一位网上买家这样评价:"看了阿姨的帖子,很感动。可想而知,一路走来肯定不易。"

51岁的宋琳在网上被称为"淘宝最牛老太太"。这位老太太目前的梦想就是把店铺做大,增加一些手工艺品,如十字绣、拼布等,让所有喜欢手工艺品的朋友都可以一站式购物。她最大的希望是能把产品卖到国外去,让更多外国人见识中国的手工艺品。

网店装修入门（一）

【知识目标】

1. 了解网店视觉规范的基础理论知识。

2. 掌握网店风格定位的方法。

3. 掌握网店颜色搭配的方法。

4. 掌握字体的规范方法。

【技能目标】

1. 能够定位网店风格。

2. 能够为网店配色。

3. 具备店铺装修的色彩提炼技术。

4. 具备选择适合网店的字体的能力。

【知识导图】

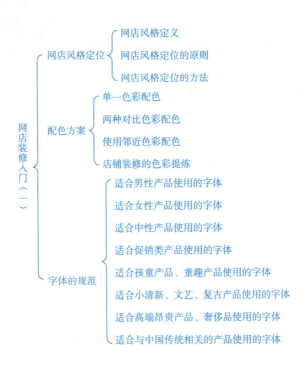

 情境导入

在网络购物时，店铺装修给顾客的第一印象就决定了其对店铺的直观感受。虽然品牌、价格等因素也是店铺定位的重要条件，但是排在首位的还是视觉印象。因此，店铺的视觉定位几乎就等于店铺的定位。

因新接手一个销售日用百货的淘宝网店铺，设计部主管华昊发出一份任务单（见表 2-1），要求对 YIMI 伊米生活日用百货店进行店铺装修视觉规范，通过对店铺视觉页面的设计，优化店铺视觉效果，提升网店整体形象。

表 2-1　任务单

任务指派人	华昊	发出日期		9.1
		完成日期		9.16
任务名称	店铺视觉规范			
任务要求	有明确细文档（见表 2-1 下方）列明要求 ☑ 其他：			
任务用途	首页　☐	主题独立页　☐		官方承接页　☐
	主图　☐	直通车图　☐		钻展图　☐
	详情基础优化　☐	详情深度优化　☐		商品运营策划　☐
	官方引流图　☐	主题广告图　☐		新品上新　☐
	常规活动营销策划　☐	主题活动策划　☐		大型活动策划　☐
	其他：对 YIMI 伊米生活日用百货店进行店铺装修视觉规范			
自我检查		确认签名：		
组长检查		确认签名：		
验收人	按要求完成：是　否	确认签名：		

明确细文档：

对 YIMI 伊米生活日用百货店从店铺装修风格、店铺配色、字体规范等方面进行店铺装修视觉规范。

具体要求：

（1）根据店铺主营项目，从顾客的角度出发，设计店铺主体风格。

（2）根据店铺定位和产品确定店铺主色调（店招、标题栏、重要文字），根据主色调确定辅助色（按钮、标签、重要文字），找出店铺的突出色。

（3）规范店铺字体：中文字体不超过两种，一种用于标题，另一种用于商品描述。

同时数字字体一种、英文字体一种、特殊字体一种（只在特定活动时用于渲染气氛）。

第一节　网店风格定位

一、网店风格定义

网店风格是指网店给顾客的直观感受。就像一个人，留什么样的发型，穿什么款式的衣服，甚至言行举止，都在向别人传递着许多信息，而这些信息会给人留下或好或坏的印象。

店铺风格主要体现在网店主营商品类型、网店装修风格、网店商品价位、网店促销方式、网店顾客服务等方面。目标消费群体对店铺风格认同感越强，就越容易把他们吸引过来，使其成为潜在顾客。和传统实体店的经营模式一样，网店店铺风格主要体现在店铺装修风格上。

顾客对于所购买商品的价值会有一种自我心理暗示。例如，顾客准备购买一只手表给孩子考试时看时间用，如果卖手表的网店装修得过于高档，顾客会有一种进错门的感觉，或者产生商品价格昂贵的错觉。所以，一家店铺，不管是网络店铺还是实体店铺，在确定自己的装修风格时一定要贴近自己的消费群体，了解他们的喜好、顾虑，进行综合分析，最后形成自己的装修风格。

二、网店风格定位的原则

关于如何定位店铺风格，有很多不同的方法。但是就电商来说，最简单有效的方法就是找个模仿学习的网店，然后与之进行差异化处理。

（1）要有依据，不能仅凭个人喜好或猜测就给店铺做风格定位，要做到有理有据。

（2）色彩搭配有主次、有对比，不能整个店铺都是一种颜色，给人很单调、压抑的感觉。

（3）色系不宜过多，太多会让人觉得乱，应控制在三种以内。

（4）少用鲜艳色，尽量采用中间色。鲜艳色比较刺眼，可能喧宾夺主，会抢商品的风头。任何店铺，其真正的主角都是商品而不是装修，装修只是一个衬托。中间色比较温和，不张扬。

三、网店风格定位的方法

关于如何定位店铺风格，有很多不同的方法。但是就电商来说，最简单有效的方法就是找个模仿学习的网店，然后与之进行差异化处理。

1. 行业特性

根据行业特有的性质来确定网店风格，如：

（1）户外运动的关键词：动感、大自然、健康、活力。

推荐色系：蓝色、绿色、橙色、红色（见图 2-1）。

（2）孕婴用品的关键词：温馨、希望、洁净、成长。

推荐色系：浅粉色、浅玫瑰色、浅绿色、浅蓝色（见图 2-2）。

图 2-1　户外用品推荐色系

图 2-2　孕婴用品推荐色系

2. 商品特性

根据商品本身的特点，来确定网店风格，主要可以从以下几方面入手。

（1）价格水平。

例如，珠宝首饰此类需要花费上千元甚至上万元的贵重商品，多数购买者在 25 ～ 40 岁的年龄段内，很少会有学生和老人来购买。在这类商品的使用者中，女性占绝大多数，但给这类商品付款的人却主要是男性。那么，我们就可以从商品的档次上来确定装修风格，要显得精美、有档次，如图 2-3 所示。

（2）消费群体。

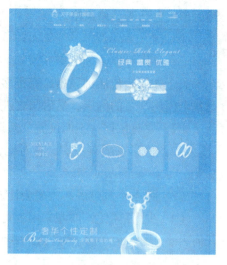

图 2-3　珠宝首饰类网店风格

可以从消费者的性别、年龄、职业、文化水平、收入水平等方面找出消费群体的特性和共性。

例如，经营数码类商品的店铺，其目标消费群以成年男性为主，因为成年男性喜欢理性的、专业的设计风格，那么在设计上就应以简洁为主，可以采用以黑灰色为主的色调，以体现出店铺的科技感与时尚感，如图 2-4 所示。

（3）文化内涵。

根据商品不同的特性，可以在装修时选择具有不同文化内涵的主题，如茶具、茶叶、保健品等可以选用具有中国风、水墨复古的装修风格，如图2-5所示。

图2-4 数码类商品店铺风格

图2-5 中国风装修风格

3. 时节特性

有时候还需要根据季节的不同，选择不同的店铺装修风格。春天春回大地，选择以绿色为主色调来装修，如图2-6所示；夏天可以以大海、沙滩、贝壳等为元素进行装修；秋冬季节以橙色、红色等暖色进行装修，如图2-7所示。不同的节日，还可以更换不同的风格。

图2-6 以绿色为主色调的网店风格

图2-7 暖色调网店风格

课堂练习

通过对本节的分析及网店风格定位的学习，制订网店风格确定计划如下：

```
┌─────────────────┐
│   网店主营项目    │
└─────────────────┘
         │
         ▼
┌─────────────────┐
│ 找出本店目标消费群体 │
└─────────────────┘
         │
         ▼
┌─────────────────┐
│   确定网店风格    │
└─────────────────┘
```

设计方案

一、网店的主营项目

YIMI 伊米生活日用百货店主营项目为水杯、毛巾、拖鞋等日用百货商品。

二、找出本店目标消费群体

本店的主要消费群体为 18 ~ 49 岁时尚女性，一般工作于企事业单位，收入较高，工作稳定，在购物方面追求美观与实用性，因此网店的装修就要符合女性的审美习惯，要求重点突出功能、设计、性价比等。

三、定位网店主体风格

网店风格主要有时尚、简约、古典、非主流、酷炫、可爱、小清新、欧美、中国风、奢华、手绘、甜美、商务。参考优秀日用百货网店的设计风格，分析目标群体的爱好特点，找出网店想要表达的理念，明确体验关键词为简洁、时尚，可以获得目标消费群体的信任和关注。

方案实施

方法一，参考同行业网店，找到喜欢的大概范围。

在淘宝网搜索"家居日用品"，把这个行业里经营得比较好的店铺找出来，进行参考、比较或部分模仿，如图 2-8 所示。

方法二，根据自己确定的风格，

图 2-8 某家居用品网店风格

到淘宝卖家服务市场找到适合自己风格的网店模板，进行参考、比较或部分模仿（见图 2-9 ）。

图 2-9　网店风格模板

第二节　配色方案

所谓配色方案，简单地说，就是如何将不同的颜色搭配到一起，达到一种和谐的或者有视觉冲击力的效果。生活中，爱美的女性常常讨论什么颜色的上衣搭配什么颜色的裙子，配什么颜色的包，戴什么颜色的项链或手链才会好看，这其实就是在讨论配色方案。

网店整体配色一定要给人统一和谐的感觉，并不是越花哨越好，花哨只能使顾客觉得混乱。当然，统一的网店配色并不是说只能用一种颜色，而是指只有一种主色调，在此基础上搭配一些其他颜色。如图 2-10 所示，这个网店的主色调是灰绿色，物品图片及一些文字是绿色，点缀其间，使得整个页面既统一又不古板。配色总的应用原则应该是"总体协调、局部对比"。也就是说，页面的整体配色效果应该是和谐的，只有局部的、小范围的地方可以有一些强烈的色彩对比。下面介绍一些常用的配色方法。

一、单一色彩配色

选择单一色彩，然后调整透明度或者饱和度，将色彩变淡或加深，使得单一色彩页面也有丰富的画面变化和美感。比如下面这个网店（见图 2-11），主色调（在页面中占据的面积最大、具有主导作用的色彩）是蓝色，边框及物品图片上则应用了深蓝色、蓝灰色等，使整个页面看起来色彩统一、有层次感。

图 2-10　灰绿色主色调配色风格　　　　图 2-11　蓝色主色调网店

二、两种对比色彩配色

先选定一种色彩，然后选择它的对比色，这个对比色就是第二种颜色。一般来说，对比强的色彩能够集中视线，使整个页面色彩丰富但不花哨。比如下面的这个网店页面（见图 2-12）采用了蓝色和淡黄橙色，属于最强烈的色彩对比，使人感受到一种极强烈的色彩冲突，产生深刻印象。

如何才能找到对比最强烈的颜色呢？可用色相环辅助完成。色相环（见图2-13）中，180度对立的两种色彩，对比是最强烈的，这个角度范围内，角度越大的两种颜色，对比越强，反之就越弱。

三、使用邻近色彩配色

　　邻近色彩不是同一色彩但是又非常接近，是在色相环上顺序相邻的色彩。使用邻近色彩的效果与单一色彩相似，能使画面统一协调但不失对比度（见图2-14）。

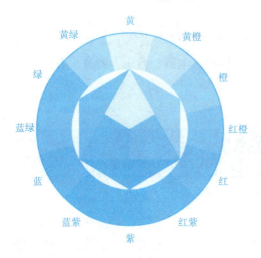

图2-12　对比色网店页面

图2-13　色相环

图2-14　相邻色网店页面

在配色过程中，无论用几种颜色来组合，首先要考虑用什么颜色作为主色调。如果各种颜色面积平均分配，色彩之间互相排斥，就会显得凌乱。

一般情况下建议画面色彩不宜超过三种，三种指的是三种色相，比如深红和暗红可以视为一种色相。而建议配色黄金比例为 70：25：5，其中的 70% 为大面积使用的主色，25% 为辅助色，5% 为点缀色。

优秀的颜色搭配可以延长顾客在店铺逗留的时间，顾客在店铺浏览的时间越长，下单的机会就越大。所以，选对颜色对店铺装修有着非常重要的作用。要选对颜色，必须了解不同颜色会给人带来什么样的感觉。

（1）暖色调（见图 2-15）：包含红色、橙色、黄色以及这三种颜色的混合色，是使人感觉温暖、愉悦、热情、激动的颜色，适合促销、女性、儿童、家居、食品等主题。

图 2-15　暖色调

（2）冷色调（见图 2-16）：包含绿色、蓝色和紫色，是使人感觉清爽、稳重、舒缓、冷静的颜色，适合男性、户外、电器、数码、夏天、春天等主题。

图 2-16　冷色调

（3）暗色调（见图 2-17）：由纯色加黑得到，是使人感觉成熟、高贵、尊贵、气势、高雅的颜色，体现能力感和高格调，适合男性、汽车、电器、数码、商务、奢侈品等主题。

图 2-17　暗色调

（4）明色调（见图 2-18）：由纯色加白色得到，是使人感觉时尚、活泼的颜色，适合时尚、运动、年轻等主题。

图 2-18　明色调

（5）淡色调（见图 2-19）：由明色加白色得到，是使人感觉清新、温柔的颜色，适合少女、幼儿主题。

图 2-19　淡色调

四、店铺装修的色彩提炼

开了网店，想让店铺涌入更多的流量，店铺装修是必不可少的，可大部分人对这方面不是很懂，更不懂色彩的运用。下面就主要来阐述店铺装修过程中如何提炼出占领顾客心智的专属颜色。

提到梦露大家除了会想到她的招牌性的动作，梦露丰满诱人的红唇应该也会浮现在人们的脑海中。那么红唇就变成了记忆点，大家是不是一看到红唇就会想到梦露呢？这就是色彩的奥秘。

现在讲一讲线下的传统大牌和线上的互联网品牌之间的共性，这些品牌其实在色彩的应用上都有很强的思维逻辑，如可乐红、喜力绿，当一个品牌占领了一种颜色时，它在很远处就能吸引人的注意。

其实不只有一个品牌会使用红色作为品牌的主色调，但我们在线下购物时，看到红色会自然联想到可乐，这是因为可乐在使用红色的时候，同时向消费者传递着一个理念，那就是"开启快乐"。

我们再来看看线上的品牌。大家可以看到阿芙精油的店铺色调与 Logo 的色调是由绿色和黑色组成的，我们可以把绿色理解成天然的，黑色又代表优雅。店铺中反复使用这两个颜色，这是因为颜色只有反复强调才能深入人心。

接下来以案例的方式讲解一下色彩的提炼法则。

1. 从品牌 Logo 提炼

例如图 2-20 "黑豆先生" 这个品牌，它的 Logo 是一个带着圆帽子的豆子，Logo 的色调以黑色和黄色为主，这两种颜色分别代表着黑豆和黄豆，那么店铺的主色调也以

图 2-20　"黑豆先生" 网站

这两个颜色为主，给消费者带来统一和谐的美感。

2. 从产品色调提炼

第二种色彩提炼方式是从产品的色调提炼。图 2-21 是一个厨具品牌，它的产品色彩主要由红、黑、灰三种颜色组合而成，而且品牌的 Logo 也使用红色。店铺中底色使用灰色，产品文字使用黑色，而最需要突出的文字部分则使用了红色，让消费者能够在不知不觉中记住这个品牌。

图 2-21　某厨具品牌网站

3. 从人群特点提炼

图 2-22 是一个家具类品牌网站，首先来分析它的 Logo。它的品牌 Logo 主要由橙色和黑色构成，在店铺的首页上可以在被子周围看到橙色的出现，而在被子上则可以看到黑色。

这个品牌是针对儿童的，那么我们来分析一下儿童有什么特点。小孩子普遍不喜欢一个人睡觉，他们害怕黑暗，缺乏陪伴，缺乏有趣的东西，总是被大人束缚着，没有属于自己的小空间。所以我们可以看到店铺首页上的"点亮专属空间"字样，这代表着：

图 2-22　某家具类品牌网站

（1）点亮房间、空间的概念。

（2）孩子来到这个世界，每天醒来感受到最智慧、最自然的光。

（3）父母对孩子的一种祝福和期盼。

4. 从竞争对手提炼

美的挂烫机最大的优势在于将时尚和对生活的理解融于挂烫机的设计中，是一个有辨识度、有态度的时尚品牌。所以美的的品牌定位是：百变时尚、美的挂烫，如图 2-23 所示。

图 2-23　美的网站

课堂练习

确定好网店风格后，通过对本节的学习，根据色彩搭配方法，制订色彩搭配计划：

设计方案

一、根据网店定位和产品确定网店主色调（店招、标题栏、重要文字）

用色时，需要注意和自己的产品相结合。YIMI伊米生活日用百货店销售日用百货商品，我们在上一个练习中已确定网店风格为简洁、时尚，可以采用一些蓝色、绿色等颜色。

二、根据主色调确定辅助色（按钮、标签、重要文字）

根据两种邻近色彩配色方法找出网店的辅助色。

三、找出网店的突出色

根据两种对比色彩配色方法找出网店的突出色。

方案实施

方法一，使用淘宝网提供的配色方案。

（1）进入"卖家中心"，在左侧的"店铺管理"栏中选择"店铺装修"项目（见图2-24），进入店铺装修页面。

（2）在左侧栏目中单击"配色"选项，选择适合店铺风格的配色，效果立即在右侧展示出来。确认效果后，单击右上角的"预览"按钮或"发布"按钮，如图2-25所示。

方法二，根据色相环确定配色方案。

（1）设计决策确定了主色调为蓝色。

（2）根据邻近色原则，蓝色的邻近色是绿色或者紫色，可以确定辅助色为紫色。

（3）根据对比色原则，蓝色的对比色是黄色、红色、橙色，可以确定突出色为橙色。

（4）得出配色方案，如图2-26所示。

方法三，从成功网店借鉴配色方案。

图2-24 店铺装修页面

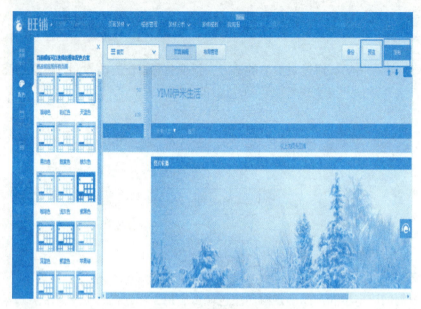

图 2-25　店铺配色页面

对于新手来说，很难马上将这些色彩知识应用到自己的网店中，最便捷快速的方法就是学习借鉴其他成功网店中的配色方案。除了网店外，还可以借鉴网页，甚至世界名画。

#669999　　#df8419　　#da84a7

图 2-26　配色方案

先找到一个借鉴的网店，如图 2-27 所示，在这个色彩令人眼花缭乱的页面中，很难分清哪个是主色，哪个是辅助色，可以保存此页面，在 Photoshop 中打开，然后执行"滤镜"—"纹理"—"染色玻璃"命令，打开如图 2-28 所示的滤镜窗口。在这里，图片已变成一个个色块。但是色彩太多，很难分辨主、辅色，可拖动右侧的"单元格大小"滑块，让色块变大，图片的色彩构成就一目了然了。处理后，可提取出该网店的配色方案：主色为浅蓝色，辅助色有粉色和浅红色，突出色为橙色，如图 2-29 所示。

主色一般为页面中所占面积最多的色彩或者背景色，为整个页面打下色彩基调。辅助色与主色形成对比，丰富色彩内容。突出色所占的面积最小，与主色的反差最大，是一个页面中最能引人注意的点，一般用于需要突出的标题、Logo，

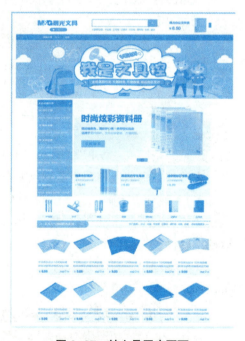

图 2-27　某文具网店页面

或者需要着重表现的产品等。

图 2-28 滤镜窗口   图 2-29 配色方案

第三节 字体的规范

为什么非要说字体呢？其实字体也是有态度、有性格的。字体如同模特的一张脸，代表着一种风格，比如淘宝网上的知名店铺韩都衣舍、茵曼、七格格女装、裂帛、天使之城、阿芙、御泥坊……它们都有很多特别及有个性的字体，很多字体还是比较难找的，就是为了保证唯一性和独特性。

在创作中，什么情况下适合哪种字体，哪种风格适合哪些字体，都直接影响设计内容的视觉传达效果。在设计中很容易犯这样一个错误：乱用字体或多种字体混合使用。如果在设计中应用了不合适的字体，不仅会使传递的信息大打折扣，严重的还会使其成为无效信息，影响转化率。从图 2-30 可以看出，不同的字体可以给人不一样的感觉，因此，选对字体对设计有着不可或缺的作用。

图 2-30 字体效果

一般网店中常用字体：中文字体不超过两种，一种用于标题，一种用于商品描述；同时，数字字体一种、英文字体一种、特殊字体一种（只在特定活动时用于渲染气氛）。另外，在选择字体的时候还要考虑所售商品和行业。

一、适合男性产品使用的字体

男性产品就是消费和使用人群主要为男性的产品，如体育运动类用品、车、剃须刀、游戏设备等。

图 2-31　适合男性产品使用的字体

图 2-32　适合女性产品使用的字体

那么，什么样的字体才是适合男性消费者的呢？基于男性粗犷、硬朗、稳重、力量、大气等特征，我们可以总结出男性化文字的特征：笔画粗、强劲有力、棱角分明、有力量感、粗细搭配、有主有次等，如图 2-31 所示。

二、适合女性产品使用的字体

女性产品就是消费和使用人群主要为女性的产品，如女装、鲜花、珠宝配饰、护肤品、化妆品等。

基于女性飘逸、俊俏、柔软、秀气、苗条、气质、时尚等特征，我们可以总结出女性化文字的特征：纤细、益线、秀美、线条流畅、字形有粗细细节变化，如图 2-32 所示。

三、适合中性产品使用的字体

中性产品就是消费和使用人群男性和女性都有的产品，如数码产品、家电、家装、厨卫用品等。

图 2-33　适合中性产品使用的字体

基于中性干净、简洁、中性美、精致、平静等特征，我们可以总结出中性化文字的特征：性别属性不强，并不需要很强烈的情感特征，偏中立，兼具男性字体和女性字体的特征，如图 2-33 所示。

四、适合促销类产品使用的字体

因为促销类产品通常需要给消费者传递非常亢奋而激烈的情绪，而这种情绪恰好与男性特征中激烈、冲动且亢奋的特点相吻合，所以在促销和抢购等活动的设计中，男性化字体被普遍使用。

这类字体具有粗、大、显眼、倾斜、文字变形等特点，如方正粗黑、方正谭黑、造字工房力黑、蒙纳超刚黑等，如图 2-34 所示。

五、适合孩童产品、童趣产品使用的字体

孩童产品就是使用人群主要为幼儿和儿童的产品，如婴幼产品、零食、玩具等。童趣产品就是那些有卡通人物设计、造型可爱的产品。

图 2-34 适合促销类产品使用的字体

基于孩童可爱、有趣、圆乎乎、肉嘟嘟、活泼、调皮等特征，我们可以总结出孩童化文字的特征：可爱、笔画圆润、柔角、俏皮、不规则，如图 2-35 所示。

六、适合小清新、文艺、复古产品使用的字体

小清新、文艺产品是消费和使用人群主要为文艺青年的产品，如文艺风服饰（茵曼、无印良品）、手工首饰、家居用品等。

基于这类产品所具有的舒适、文静、慢生活、素雅、松弛等特征，我们可以总结出文艺文字的特征：手写体、细字体再设计、复古典雅等，如图 2-36 所示。

图 2-35 适合孩童产品使用的字体

图 2-36 适合小清新、文艺产品使用的字体

七、适合高端昂贵产品、奢侈品使用的字体

高端昂贵产品、奢侈品就是消费和使用人群主要为商务精英、企业家、商人和社会名流的产品，如名表、名贵首饰、高端包、高端服饰、香水、名酒等。

基于这类产品所具有的纤细、小、优美、简约、干净利落等特征，一般用笔画细的字

体，字号也比较小，多用英文搭配，可显得更加时尚，如图 2-37 所示。

图 2-37　适合高端产品使用的字体

八、适合与中国传统相关的产品使用的字体

与中国传统相关的产品是指酒、茶、特产、旅游地等具有中国传统文化特质的产品。

基于这类产品一般具有古典优雅、中国风、霸气、历史底蕴等特征，我们可以总结出中国传统相关产品文字（见图 2-38）的特征：书法字体、霸气洒脱、流畅等。

禹卫书法隶书简体

FGP松庆行书体

书法家颜楷体

淡斋草书

图 2-38　适合与中国传统相关的产品使用的字体

通过对本节的分析及字体规范的学习，制订字体设计的计划如下：

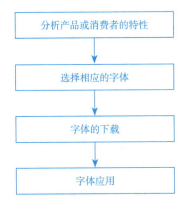

设计方案

　　YIMI 伊米生活日用百货店主要销售的是家居日用品，就是消费和使用人群男性和女性都有的中性产品，根据中性的干净、简洁、中性美、精致、平静等特征，我们可以总结出中性化文字的特征：性别属性并不强，并不需要很强烈的情感特征，偏中立，兼具了男性和女性的部分图形特征。因此可选择方正兰亭和微软雅黑两种中文字体。

方案实施

一、字体下载

　　通过搜索引擎在网上查找到需要的字体，主要下载网址有：

PS 家园网：http：//www.psjia.com/pssc/fontxz/。

字体下载：http：//ztxz.org/。

二、字体安装

　　解压下载好的字体压缩包，得到 ttf. 文件，右击字体文件，在弹出的下拉菜单中选择"安装"命令即可，如图 2-39 所示。打开 Photoshop 软件，单击"文字工具"，可以看到已安装的字体。

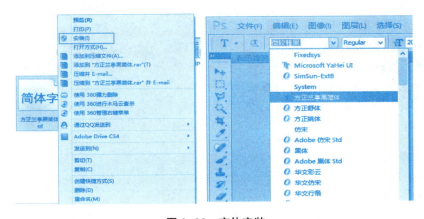

图 2-39　字体安装

三、字体管家

　　字体管家是一款专业的字体下载安装管理工具，软件官网：http://pc1.yangqiyao.top。

字体管家的特点是：

（1）海量字体，多达 9000 种中英文字体、美术字体、像素字体、电视字体。

（2）搜索字体方便。

（3）一键安装。把字体安装简化为一步，单击即可安装。

 实训

网店视觉规范

1. 实训目的

了解网店视觉规范的方法及步骤，掌握如何为店名为"文聚星"（"文具"的谐音，同样有聚集智慧，铸就明日之星的含义）的文具店进行网店视觉规范。

2. 实训准备

（1）组队：4～6 人一组，并选出一名组长，分配好组员的工作。

（2）素材："文聚星"文具店的简介，训练素材。

3. 实训任务

根据网店的定位，结合目标客户、网店商品等，形成网店的视觉规范，如配色板、字体、标签等。

4. 实训步骤

（1）找出该网店的目标消费群体。

（2）了解目标消费群体的共同爱好。

（3）定位网店风格。

（4）提取成功网店的配色方案。

（5）确定主色调。

（6）选取辅助色。

（7）找到突出色。

（8）确定主要字体。

5. 任务实施

（1）找到该网店的目标消费群体。

（2）定位网店风格。

（3）提取网店的配色方案。

（4）确定主要字体。

主色调	
辅助色	
突出色	

知识回顾

本章我们学习了网店风格的定位原则和定位方法，即"总体协调，局部对比"的配色原则；为店铺装修提炼色彩和根据产品和行业来选择字体。懂得了在选择网店风格、配色和字体的时候，要特别注意综合考虑商家、商品、消费群体等各种因素，不能仅凭个人喜好任性而为。在网店装修时要遵循四个原则，从三点进行网店风格的定位；配色方案主要有两种方式，配色总的应用原则应该是"总体协调，局部对比"，也就是说，页面的整体配色效果应该是和谐的，只有局部的、小范围的地方可以有一些强烈色彩的对比。常用方法有：单一色彩配色、两种对比色彩配色、使用邻近色彩配色。一般网店常用字体，中文字体不超过两种，一种用于标题，一种用于商品描述。同时数字字体一种、英文字体一种、特殊字体一种（只在特定活动时用于渲染气氛）。另外，在选择字体的时候，还要根据产品和行业来定。

课后练习

1. 怎样按照网店风格定位原则确定网店风格？

2. 如何根据配色原则给网店配色？

3. 通过对本章的学习，请你为自己的网店从网店风格、配色方案、字体选择等方面做网店视觉规范。

4. 店铺装修色彩提炼的方式有哪些？

拓展阅读

网店店铺定位

2011年，天猫"双十一"活动创下了52亿元的销售额；2012年，天猫"双十一"活动更是再创新高，单天销售额竟达到了191亿元。就是因为这样，让更多的传统行业和个人看到了淘宝电商这一市场，同时也有很多企业和个人希望能加入进来。2013年天猫"双十一"销售额达到了350亿元，成为全球最大的网络购物节。此外，手机淘宝也很抢眼，其整体成交额达53.5亿元。24小时里，支付宝实现成功支付1.88亿笔，再次刷新了前一年同期105800000笔的全球纪录。同时共有17家网店成交过亿，43店网家过50000000，443家网店成交破千万。

之前有一份淘宝的相关数据，提到淘宝每天新开网店的数量达到几千甚至上万，同时每天关闭的网店也有几千甚至上万家。在这上万家关闭的网店中虽然有些是没有坚持下去，但更多的原因是商家对于自己网店的定位还不够明确。

如今在淘宝开店必须有准确的定位。笔者对于淘宝网店的定位有几点小小的看法：

①网店定位；②产品定位；③装修定位；④价格定位；⑤人群定位。只有将定位做好了，才能有条不紊地进行网店工作。下面就来详细地讲一下以上的五种定位。

1. 网店定位

一个淘宝网店只能有一个定位，不能风格多变，就像网站一样只能有一个主题；同时也像写作文一样只能有一个中心思想。如果什么都想获得，最终只会表现平平。网店的风格定位是一种取舍，为了吸引一部分消费者，就必须果断地放弃另一部分消费者。风格就是一种残缺，一种有缺憾的美——我们的缺点太多，难以全部完善，所以只能尽力发挥我们的长处，而不是费时费力地弥补短处，扬长永远比避短有效。

2. 产品定位

网店80%的产品注定都是配角，只能作为一种跑龙套的角色。我们要很快分清楚哪些产品是精英，哪些产品是炮灰。对于那些炮灰产品，涉及打折、引流、赠品，甚至降权都要用到，它们就是用来顶缸的。主打产品不要轻易降价，要保留充足的库存、好的口碑、不错的毛利，所有产品都要尽可能向它们引流。

3. 装修定位

要始终明白一个道理，网店追求的是一种缺憾美，一种残缺的优势。将优势发挥到最大，就是胜利。品牌就是一种价值主张，一种生活主张——可所有的价值主张都不是圆满的，与其这样，在开始的时候就要学会放弃完美的思想。大衍之数五十，其用四十有九。天地尚且不全，做人何必求全；既然不求全，那就要追求一种特立独行的优势。

4. 价格定位

我们都知道，经商有风险，没有人做生意能稳赚不赔。不是所有产品都要赚钱，不是所有产品都值得精心维护。绝对不能将所有产品一概而论，更不能一视同仁。必须牺牲一部分产品，来换回主打产品的上位。在这方面，我们首先必须定位，找出自己需要培养的产品，然后下一步需要思索的是：怎么牺牲那些炮灰产品来换回主打产品的上位。

5. 人群定位

人群定位是开店前定位中的一个重点。我们要考虑网店产品所要面向的主流消费群是哪些，是男性还是女性，是哪个年龄段，消费能力怎么样。这些都是需要在开店之初就做好相关定位的，以方便后续的营销推广策划的开展。所以人群定位也是开店前定位的一个重点。

定位不管是对于网站还是网店都是最初的一步，也是最重要的一步，没有定位就没有章法可循。有一句老话说得很有道理，"磨刀不误砍柴工"。所以作为新手，不要冒冒失失地冲进去，而要先做好最基础的工作。

第三章

网店装修入门（二）

【知识目标】

1. 了解网店网页设计与制作的方法。

2. 掌握网店模板的使用。

3. 掌握商品拍摄与图片后期处理技术。

【技能目标】

1. 能够掌握网页制作工具的使用方法。

2. 熟悉网店模板的使用技巧。

3. 能够使用网页制作工具处理网页图形图像。

4. 具备用相机拍摄商品与后期处理图片的能力。

【知识导图】

情境导入

互联网发展到今天，网站的好坏早已不是凭网页上的动画是不是很多，颜色是不是鲜艳，是不是有声音和录像等这些表面的东西所决定的了。支撑网站正常运行的后台管理技术、资讯实时更新技术、流量统计分析技术、在线沟通技术等才是关键。

是以炫目、怪异的网页来夺人眼球，还是以专业的方式来展示独特的商品信息和服务，符合大众审美，并有艺术感的亮点存在，进而在第一时间给潜在顾客留下印象？怎样让顾客搜索、比较？如何使流程更便捷，以获得良好的用户体验？应为潜在顾客提供最有价值的信息，引导顾客去选择和鉴定商品，并且让顾客相信这些信息及服务，促使顾客付诸行动去购买。

第一节　网店网页设计与制作

网店装修与设计准确来说属于网页设计的范畴。网店装修无外乎图片的编辑和网页设计制作，制作软件包括 Dreamweaver、FrontPage、Photoshop、Firework。其中，Dreamweaver、FrontPage 是制作网页的专业软件，Photoshop、Firework 则是图片设计方面的专业软件。其中任意两款软件组合起来使用就可以满足设计要求，如 Dreamweaver 和 Photo shop 组合。

一、网页制作工具

1.Dreamweaver

以 Dreamweaver 为代表的网页制作工具，具备图形应用软件的操作性，是所见即所得的网页编辑器，支持最新的 XHTML 和 CSS 标准，所以即使人们对 HTML 理解尚浅，在某种程度上仍然可以制作网站。值得称道的是，Dreamweaver 不仅提供了强大的网页编辑功能，而且提供了完善的站点管理机制，也就是说，它是一个集网页创作和站点管理两大利器于一身的超重量级的创作工具。

Dreamweaver 主要用于布局网页，将美工效果图转换为正式网页。另外，借助 Dreamweaver 还可以使用服务器语言，如 ASP、ASP.NET、ColdFusion 标记语言，以及 JSP 和 PHP 等，生成支持动态数据库的 Web 应用程序。图 3-1 为网页制作工具的图标。

图 3-1　网页制作工具图标

2.FrontPage

Microsoft FrontPage 是微软公司出品的一款网页制作入门级软件。该软件使用方便简单，会用 Word 软件就能制作网页，所见即所得。后来它随着 Office 2007 改名为 Office SharePoint Designer 2007。该软件可以方便地进行文件夹管理、报表管理、导航管理、超链接管理和任务管理等。

3.Visual Studio

Visual Studio 是微软公司开发的工具包系列产品，它不仅用于设计 Windows 应用程序，同样适合设计 Web 应用程序。Visual Studio 中包括 Visual Basic、Visual C++ 等程序开发工具，集程序调试、编译等功能于一身，并且提供了详细的帮助，这是其他软件不能比拟的。但是，Visual Studio 适合具有较多的程序设计经验的人员。

二、网页图形图像处理工具

1.Photoshop

Photoahop 是 Adobe 公司开发的一款功能强大的平面图像处理软件，也是迄今为止世界上最畅销的图像编辑软件，其强大的功能和友好的界面深受广大用户的喜爱。由于 Photoshop 软件在图像编辑、网页图像编辑、广告设计、婚纱摄影等各行各业的应用，它已经成为图像处理行业的事实标准。Photoshop 支持多种图像格式及多种色彩模式，还可以任意调整图像的尺寸、分辨率及画布的大小。使用 Photoshop 可以设计出网页的整体效果图、网页 Logo、网页按钮和网页宣传广告等图像。Photoshop 中包含的 ImageReady 是用于网页图片制作的，其缺点是体积庞大，操作比较复杂，非专业人员很难熟练掌握。图 3-2 为网页图形图像处理工具的图标。

图 3-2　网页图形图像处理工具图标

2.Illustrator

Illustrator 是 Adobe 公司开发的一款应用于出版、多媒体和在线图像的工业标准矢量插画软件。据不完全统计，全球有 37% 的设计师在使用 Illustrator 进行艺术设计。该软件最大的特征在于"钢笔工具"的使用，使得操作简单、功能强大的矢量绘图成为可能。

3.Fireworks

Fireworks 是 Adobe 公司开发的一款优秀的网页图形图像处理应用软件。Fireworks 与

多种产品集成在一起，包括 Macromedia 的其他产品（如 Dreamweaver、Flash、Free Hand 和 Director）和其他用户喜欢的图形应用程序及 HTML 编辑器，从而提供了一个真正集成的 Web 解决方案，可以帮助网页设计人员和开发人员解决所面临的特殊问题，提高工作效率。

三、网页动画设计与制作工具

1.Flash

Flash 是 Adobe 公司的产品，它是交互式矢量图和 Web 动画的标准。网页设计者可以使用 Flash 创作出既漂亮又可以改变尺寸的导航界面以及其他奇特的效果。Flash 是动态的、可互动的动画制作工具。它的优点是体积小，可以边下载边播放，以此避免用户长时间的等待。可以用其生成动画，还可以在网页中加入声音，这样用户就能生成多媒体的图形和界面，而文件的体积却很小。同时，Flash 还能用其内置的语句并结合 JavaScript 制作出互动性很强的网页。图 3-3 为网页动画设计与制作工具的图标。

图 3-3　网页动画设计与制作工具图标

2.Ulead GIF Animator

Ulead GIF Animator 是 Ulead 公司开发的一个简单、快速、灵活、功能强大的 GIF 动画编辑软件，它使得网页设计者可以快速轻松地创建和编辑网页动画文件。同时，U1ead GIF Animator 也是一款不错的网页设计辅助工具，还可以作为 Photoshop 的插件使用，其丰富而强大的内置动画选项，使设计者能够更方便地制作出符合要求的 GIF 动画。

四、网页配色辅助工具

1.Color Schemer Studio

Color Schemer Studio 是一款优秀的专业配色软件，它为设计者提供了非常丰富的网页配色解决方案，使用时也非常方便，只需要在"颜色轮""颜色协调"或"推荐颜色"三个窗口中自由切换即可。Color Schemer Studio 的主要特点在于：工作域采用 RGB 和 CMYK 的色彩管理环境；能够创建并且保存调色板；识别色彩和谐；能够转换成一个完整的配色方案；能够混合颜色和创造梯度混合；能够找到类似或相关的颜色；能够进行分析对比，具有高度的可读性；能够抓取屏幕上任何地方的颜色；能够打印用户的配色方案。图 3-4 为网页配色辅助工具的图标。

2.Play Color

Play Color 是在 Visual Basic 5.0 开发平台上开发的免费软件，该软件适合网页制作和编程。该软件的特点是拥有友好的界面和小巧的

图 3-4　网页配色辅助工具图标

身躯，可以获取屏幕上任何地方的颜色，有 RGB、网页、十六进制、色素代码以及 Delphi 等多种颜色输出（也可以直接输入调配颜色），还自带真彩色调色板和颜色收藏夹，以及一些颜色处理功能。

第二节　网店模板的使用

一、选择网店模板

以淘宝网为例，淘宝模板就是针对淘宝网店开发的一系列装饰网店的模板，让网店装扮得更加专业、美观，从而能够激发消费者的购买欲望。具体操作步骤如下：

（1）打开淘宝主页，登录已经申请的个人网店账号，单击"卖家中心"菜单下的"卖家服务市场"按钮，如图 3-5 所示。

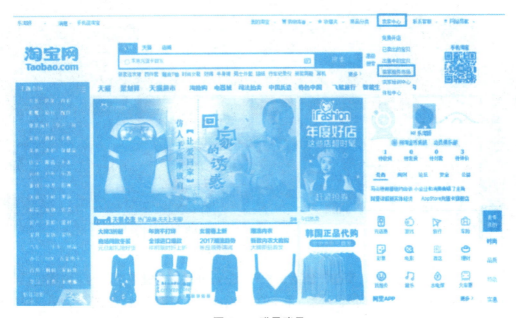

图 3-5　登录账号

（2）进入卖家的"服务市场"页面，选择"网店装修"栏目下的"装修模板"按钮，如图3-6所示。

图3-6 "服务市场"页面

（3）单击"网店模板"按钮，如图3-7所示。

图3-7 "装修市场"页面

（4）进入"网店模板"页面，如图3-8所示。页面左侧为模板选项区，内容包括旺铺版本、模板类型、行业、风格、色系、价格等选项；页面右侧为模板预览图，单击模板预览图可查看每个模板的详情，包括该模板的价格、使用周期、模板特色说明、设计师信息等内容，如图 3-9 所示。

图 3-8 "网店模板"页面

图 3-9 模板详情页

"旺铺版本"分为"旺铺专业版""淘宝智能版""旺铺基础版""旺铺天猫版""天猫智能版"，如图 3-10 所示。个人网店一般使用"旺铺专业版"和"旺铺基础版"，而企业网店一般会选择"旺铺天猫版"，手机端网店一般选择"旺铺智能版"和"天猫智能版"。专业版有 950 像素、190 像素、750 像素三个尺寸的模块，基础版只有 190 像素、750 像素两种尺寸的模块，如图 3-11 所示。

图 3-10　旺铺版本

图 3-11　模块位置

　　JavaScript（JS）是一种广泛用于客户端 Web 开发的脚本语言，常用来给 HTML 网页添加动态效果和功能。JS 短小精悍，又是在客户机上执行的，因此大大提高了网页的浏览速度和交互体验。简而言之，JS 是专门为 Web 网页制作量身定做的一种简单而灵活的编程语言。

　　JS 可以实现的效果如下：

　　（1）各式各样的轮播广告，如图 3-12 所示。

图 3-12　轮播广告

　　（2）切换栏目，如图 3-13 所示。

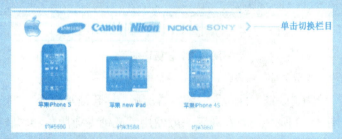

图 3-13　切换栏目

　　（3）旋转木马，如图 3-14 所示。

图 3-14 旋转木马

二、为商品制作边框模板

在图像中添加边框可以使图像有凝聚感，视觉更集中，表达主题更直接。通过 Photoshop 软件可以制作多种样式的边框效果。例如，使用"图层样式"中的"描边"选项，或者通过创建选区来添加边框，再或者利用边框素材进行修饰。其具体操作如下。

1. "描边"样式添加边框

使用"描边"图层样式可以为商品照片添加相等宽度的边框效果，具体效果如图 3-15 所示。

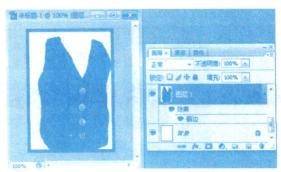

图 3-15 使用"描边"添加边框的效果图

2. 创建选区制作边框效果

使用边框工具或者选区工具创建选区，为选区填充上适当的颜色，也可以为商品照片添加边框效果。图 3-16 为通过创建选区添加边框的效果图，其中可以看到通过这种方式添加边框的样式相比"描边"选项来说显得更加丰富，更具变化性。

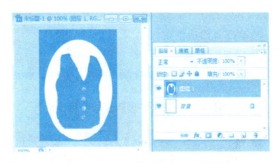

图 3-16 通过创建选区添加边框的效果图

3. 使用素材制作边框

使用素材制作边框是添加边框效果中最为常用的一种方法，也是最实用的一种方法。根据素材的变化，可以实现多种边框效果。图 3-17 为添加花卉素材后制作的边框效果图。

值得注意的是，通过添加素材而制作的边框，在很多时候需要进行抠图处理，编辑过程较其他方法显得更为烦琐。

4. "描边路径" 绘制边框

使用"描边路径"可以画出任何想画的边框。使用"矩形工具"（圆形、圆角矩形、多边形都在这里）画出来的就

图 3-17 使用素材添加边框
的效果图

是路径，而不是实心的填充色。然后右击鼠标，在弹出的下拉菜单中选择"描边"命令，输入描边宽度，确认颜色、位置为"内部"，即可完成描边。也可以在右击鼠标后选择"填充"命令，直接在选区中填充所需的颜色。

三、页面装修

淘宝页面是指顾客进入网店后所看到的网页页面。在装修页面前，先要对每个页面中的布局结构进行规划和管理。具体操作步骤如下：

（1）登录个人网店账号，进入"卖家中心"页面，选择"网店装修"栏目，如图 3-18 所示。

图 3-18 选择"网店装修"栏目

（2）选择"电脑页面装修"选项卡，选择"首页"，在"首页"下拉列表框中可以看到淘宝默认的三类页面，如图 3-19 所示。

图 3-19　三种类型的页面

第三节　商品拍摄与商品图片后期处理

一、商品拍摄

商品照片要具有一定的美观性，这是因为从视觉层面上，消费者主要依靠观看图片来增加对商品的了解。除了商品的功能性和价值等因素外，要有足够的美感才能打动消费者。

用相机拍照的时候需要多拍几张进行对比，有的相机对红色不敏感，有的则对绿色不敏感。因此，不要在相机上查看照片的效果，一定要在电脑屏幕上放大来看显示的效果。

二、商品图片后期处理

（一）网店装修中常用的图片格式

1.GIF 格式

GIF（Graphics Interchange Format，图像互换格式）是 CompuServe 公司于 1987 年开发的图像文件格式。GIF 文件的数据是一种基于 LZW 算法的、连续色调的无损压缩格式，其压缩率一般为 50% 左右，它不属于任何应用程序。目前大多数相关软件都支持 GIF 格式，公共领域有大量的软件在使用 GIF 图像文件。GIF 只支持 256 色以内的图像，采用无损压缩存储，在不影响图像质量的情况下，可以生成很小的文件。GIF 文件支持透明色，可以使图像浮现在背景之上，而且可以制作动画，这是它最突出的一个特点。

2.JPEG 格式

JPEG（Joint Photographic Experts Group，联合图像专家小组）也是一种常见的图像格式，它由联合图像专家小组开发并被命名为 "ISO 10918-1"，JPEG 仅是一个俗称。

JPEG 文件的扩展名为 .jpg 或 .Jpeg，其压缩技术十分先进，即采用有损压缩方式去除冗余的图像和彩色数据，获得极高的压缩率，并展现十分丰富生动的图像。换句话说，就

是可以用最少的磁盘空间得到较好的图像质量。

3.PNG 格式

PNG（Portable Network Graphics，便携式网络图片）是自 20 世纪 90 年代中期开始开发的图像文件存储格式，其目的是试图替代 GIF 和 TIFF（Tagged Image File Format，标签图像文件格式）文件格式，同时增加 GIF 文件格式所不具备的特性，即 PNG 格式能够提供长度比 GIF 格式小 30% 的无损压缩图像文件，同时提供 24 位和 48 位真彩图像，以及其他诸多技术性支持。PNG 格式的文件背景颜色可以是透明的。

4.PSD 格式

PSD（Photoshop Document）是 Adobe 公司的图像处理软件 Photoshop 的专用格式。PSD 格式可以存储 Photoshop 中所有的图层、通道、参考线、注解和颜色模式等信息。在保存图像时，若图像中包含层，则一般用 PSD 格式保存。PSD 格式在保存时会将文件压缩，以减少文件占用的磁盘空间，但 PSD 格式所包含的图像数据信息较多（如图层、通道、剪辑路径、参考线等），因此比其他格式的图像文件大得多。由于 PSD 文件保留了所有原图像的数据信息，因此修改起来较为方便。

（二）切割图片

1. 使用 Photoshop 软件切片

将已经完成的图片进行切割，需要用到 Photoshop 软件的"切片工具"。具体操作步骤如下：

（1）在电脑的程序菜单中，打开 Photoshop 软件。执行"文件"—"打开"命令，在"打开"对话框中打开素材文件，如图 3-20 所示。

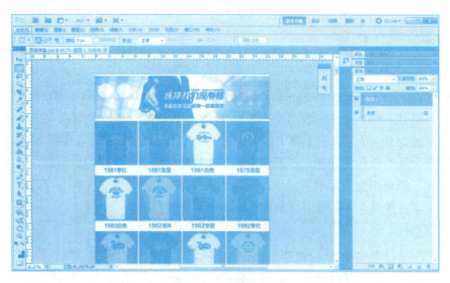

图 3-20　打开素材文件

（2）执行"视图"—"标尺"命令，打开软件的标尺线，如图 3-21 所示。

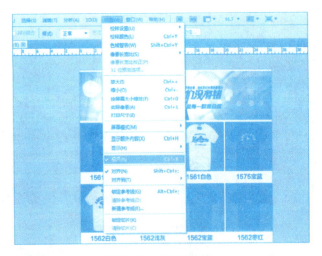

图 3-21　打开标尺线

（3）使用标尺线，从上到下，将产品详情图片划分为高度均等的小图片（淘宝网对每张图片的大小有限制），如图 3-22 所示。

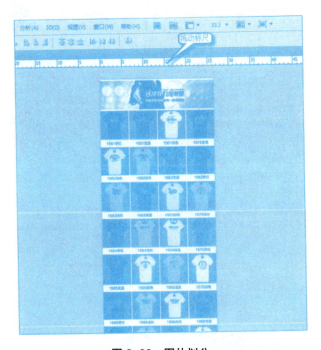

图 3-22　图片划分

（4）选中工具栏中的"切片工具"，单击"切片工具"属性按钮下的"基于参考线的切片"，整个产品详情的图片将按照参考线划分的区域被切割成许多小的图片，如图 3-23、图 3-24 所示。

（5）切片完成，如图 3-25 所示，每个蓝色的区域代表一张图片。

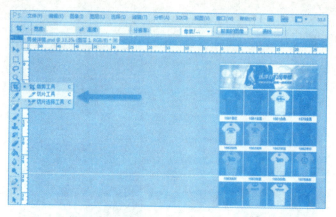

图 3-23　切片一

图 3-24　切片二

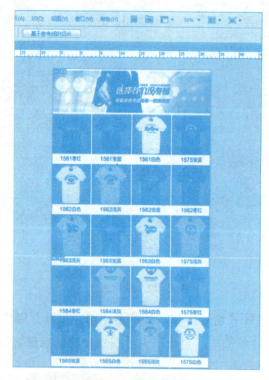

图 3-25　切片效果图

2. 优化图片

（1）执行"文件"—"存储为 Web 和设备所用格式"命令，如图 3-26 所示。

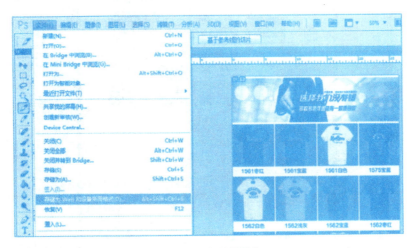

图 3-26　存储格式框

（2）在弹出的对话框中，对需要保存的图片进行优化。需要设置的参数包括文件格式、品质（一般控制在 60%）、优化，如图 3-27 所示。

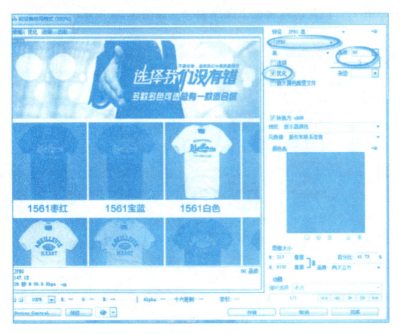

图 3-27　优化图片

3. 存储切片

（1）设置好图片存储的参数以后，单击"存储"按钮，弹出"将优化结果存储为"对话框，如图 3-28 所示。

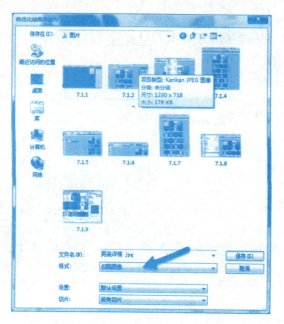

图 3-28 "将优化结果存储为"对话框

（2）保存格式设置为"仅限图像"，选择好保存的位置，单击"保存"按钮。所有的切片将存储为图片，图片名称将加上顺序编号，如图 3-29 所示。

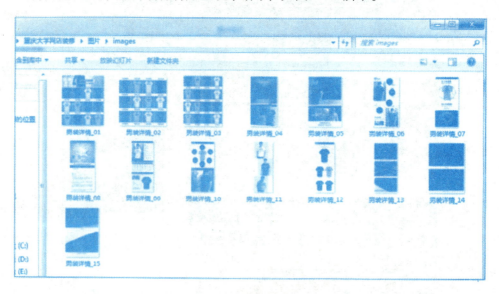

图 3-29 保存图片

（三）为商品添加水印

一般可以将店铺的 Logo 或店铺的网址作为水印，添加水印主要起到防止图片被盗和宣传店铺的作用。添加水印时注意不要让水印显示很大，水印的不透明度可以降低到不影响商品的视觉效果即可。

下面通过"文字工具"创建文字来制作水印。

1. 文字水印

（1）使用 Photoshop 软件打开素材文件，如图 3-30 所示。

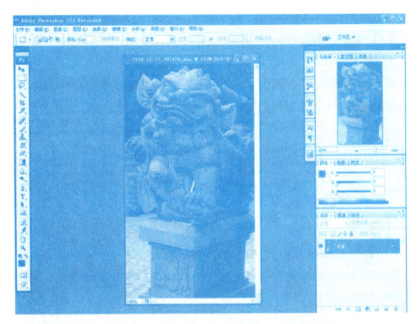

图 3-30 打开素材

（2）单击"文字工具"，选择"横排文字工具"，设置文本的颜色为橘黄色，输入 Logo 文本，随后调整图层的不透明度至 30%。图 3-31 为调整图层的不透明度。

（3）全部设置完成后，保存文件，完成文字水印的添加。

2. 图片水印

可以使用 Logo 作为图片水印，具体操作步骤如下：

（1）打开素材图片。

（2）打开水印素材图片，Logo 水印背景要设置成透明色。图 3-32 为透明背景的 Logo 水印。我们需要水印的 Logo 图片是透明的，这样更容易给素材添加水印。注意在制作水印图片的时候，将水印 Logo 保存为 PNG 格式。

（3）将水印 Logo 拖曳到素材图片上，通过"自由变换"命令或者快捷键 Ctrl+T 缩放水印大小，并将 Logo 调整到合适的位置，调节图层透明度。

（4）完成水印制作，存储文件。

图 3-31 调整图层的不透明度

图 3-32 Logo 水印

3. 批处理

批处理可以批量地给照片调色，批量地加画框或者批量地添加水印。这里可以制作动作，针对批量图片处理，运用"动作"面板即可。

（1）打开素材图片。

（2）打开"动作"面板，单击"创建新组"图标，弹出"新建组"对话框，输入名称，单击"确定"按钮。

（3）单击"创建新动作"按钮，单击"记录"按钮，开始记录操作步骤。

（4）新建曲线调整图层，预设选择"增加对比度"。图 3-33 为调整曲线。

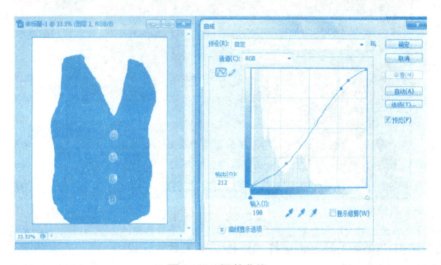

图 3-33　调整曲线

（5）选择"文字工具"输入文字水印效果，不透明度设置为 50%。

（6）执行"文件"—"存储为"命令，将文件存储到新建的文件夹内，文件格式为 JPG 格式。

（7）关闭制作的文件，打开"动作"面板。

（8）我们制作的动作将被记录下来，单击"停止动作"按钮，完成动作的制作。

（9）打开其他素材图片，单击"播放选定的动作"按钮执行动作，动作执行后自动关闭文件。

（10）打开执行动作后的图片，查看效果，所有的图片上都添加了对比度和水印效果。

4. 加水印注意事项

商品图片加水印是用来防止他人盗取自家店铺商品图片以及起到一定的宣传作用的一种手段。商品图片加水印是需要一定技巧的，做得好还能提高商品图片的美观度，也能显示店铺的档次。不过水印的运用是有学问的，它的功能除了防盗之外，作为一个视觉元素，美观和适合也很重要。下面分享几点加水印的注意事项。

（1）如果淘宝店铺已经有标志，最好利用店铺标志来做水印。一来可以抓住每一个让人记住店铺的机会，二来可以体现出店铺系统化、规范化的感觉。

（2）水印的设计应该符合店铺气质。这一点很好理解，如果卖的是少女装，就用可爱的水印；如果卖的是男装，就用阳刚一点儿的水印。需要注意的是，如果卖的商品种类很多，就应该选择尽量简洁的，看起来没有性别倾向、行业倾向的水印，这样水印放在任何一张商品图片上都不会显得不协调。

（3）不管卖的是什么商品，水印都应该尽量简洁。简洁，不仅是设计界的趋势，而且在商品图片中，水印毕竟是水印，不是商品，不能喧宾夺主。所以纯文字排列的、几何形的、线条干练的水印是最佳选择。

（4）水印里的店铺名称与店铺网址应该清晰，易识别。虽然不知道是否有人会照着水印上的店名和网址去搜索，但是应该为这样的可能性提供机会，让任何人在任何情况下都能通过水印提供的信息找到店铺地址，更何况那是自己的店名和店址，当然一定要看得清。

（5）水印的大小和位置应该大致相同。水印最好固定在一个位置，大小以图片宽度的 1/3 为最佳。

（6）水印的颜色以黑、白、灰为最佳。这与追求简洁是一个目的，还因为每张商品图片的颜色都不一样，所以为了保证水印放在每张图上都协调，就不宜有色彩。比如一个红色水印它适合红色商品，但如果是一个绿色商品，可能就不太恰当了。

（四）上传图片

1. 上传图片

（1）登录淘宝网店后台，进入"卖家中心"，页面"图片空间"栏目，如图 3-34 所示。

（2）进入"图片空间"页面，在"宝贝图片"栏目中建立新文件夹，命名为"××详情1"，双击进入，如图 3-35 所示。

图 3-34　进入图片空间

图 3-35　给商品文件夹命名

（3）单击"上传图片"按钮，将上一任务中完成的商品图片切片上传至图片空间，如图 3-36 所示。

（4）图片上传完成，在图片空间"××详情1"的文件中可看到完成的商品详情切片，如图 3-37 所示。

图 3-36　图片上传

图 3-37　图片上传显示

2. 编辑超链接

（1）登录并进入淘宝网店后台，选择"出售中的宝贝"栏目，找到需要编辑的商品，单击"编辑宝贝"超链接，并进入"宝贝编辑"页面，如图 3-38、图 3-39 所示。

图 3-38　"宝贝编辑"页面一

（2）进入"编辑宝贝"页面之后，拖动网页右侧的滚动条，滚动至"宝贝描述"编辑部分，单击"插入图片"按钮，如图 3-40 所示。

图 3-39　"宝贝编辑"页面二

图 3-40　"宝贝描述"页面

（3）选择图片窗口打开后，单击"从图片空间选择"选项卡，进入存放商品详情图片的文件夹，所有上传的产品详情切片都会显示出来，如图3-41所示。

（4）打开"图片排序"下拉菜单，选择按"图片名称升序"排列，商品的切片将按照商品详情的顺序依次显示，如图3-42所示。

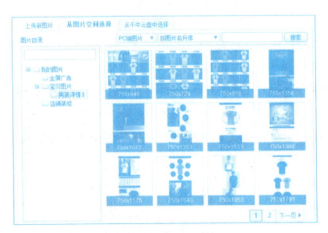

图3-41　显示产品详情切片　　　　　　图3-42　商品详情图片排序页面

（5）依次将所有图片插入"宝贝描述"里并保存，如图3-43所示。

（6）至此，商品超链接的编辑已经完成，发布后将看到一个完整的商品描述页面，如图3-44所示。

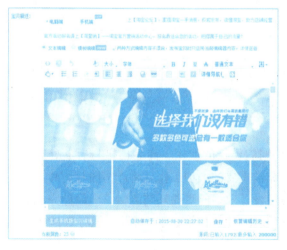

图3-43　"宝贝描述"页面　　　　　　图3-44　"商品描述"页面

拍摄设计网页

1. 实训目的

了解网页制作的设计方法及步骤，帮阿靓的"爱你一杯子"店设计网页。

2. 实训准备

（1）组队：4～6人一组，并选出一名组长，由组长分配好组员的工作。

（2）素材：实物杯子及杯子图片若干。

3. 实训任务

请从网店网页设计与制作、模板的使用、商品拍摄与后期处理等方面入手为阿靓的"爱你一杯子"店设计一张店铺宣传网面。

4. 实训步骤

（1）确定主题。

（2）拍摄图片。

（3）构思网面主辅图片。

（4）版面排版设计。

（5）用 Photoshop 制作。

（6）用自定义模块把网页添加到店铺。

5. 任务实施

（1）拍摄图片。

（2）版面排版设计。

（3）用 Photoshop 制作。

（4）上传网页。

知识回顾

本章我们学习了网店网页设计与制作、网店模板的使用、商品拍摄与后期处理。在网店装修这一行业中，商品描述页的设计是非常重要的一项工作。将详情图片切片上传至商品的描述页，并能快速地打开，是最终检验设计效果的重要环节。将一个设计完成的详情页面切割成较小的图片，便于上传，也有利于商品描述页快速打开，能有效地留住消费者。

1.网页制作工具有哪些？

2.如何处理网页图形图像？

3.怎样拍摄商品和处理图片？

4.如何进行网页动画设计与制作？

5.简述切割图片对于商品上传的意义。

6.简述切割产品图片的步骤。

拓展阅读

全新的电商体验，请不要忽略这六个要素

1.便捷

当零售商在各种渠道提供灵活的购物体验时，消费者对于"便捷"的期望便开始有增无减。他们希望用他们自己的方式购物，这跟什么时候，他们在哪儿，使用什么设备和渠道无关。企业总是认为线上和线下是两个完全不同的购物体验。但是，消费者不这么看，他们希望两者能够无缝融合。

消费者希望他们能够去实体店体验、提货以及退货。店内提货适用于很急或者想要节省运费的消费者。另外，提供附近商店准确的库存信息能让消费者一目了然地知道他们应该去哪里提货，方便省心。

所有的测试者都非常感谢电商能让他们省去去实体店的时间。消费者对于那些清晰标出商品货架位置的商家大加赞赏，也同样欣赏能够在消费者到之前就准备好商品的商家。另外一层的方便体现为对于经常订购的商品，消费者可以很轻松地续订，这样他们就不会担心它们快用完了。像亚马逊和沃尔玛这样的巨头已经开始为消费者提供这样的服务了。

智能语音购物已经成为一种新的互动方式，消费者可以直接告诉他们的设备，他们需要从他们喜欢的网站订什么，这将便利性提升到了一个新的层次。未来，这些技术有可能加深消费者对于购物便捷性的认知。

2.快

过去，网购通常代表需要几天甚至几周才能到货。现在不存在了，京东几年来一直提供2天到货的服务，他们最近也开始提供当天送达，有些地方甚至能够缩短到几个小时。它不再依赖于第三方快递，已经跳出了传统的思维模式。

因此，今天的线上消费者想要在电商上获得即刻的满足，到货速度成为消费者在众多选择中主要的衡量指标，同时也拉开了与其他电商的差距。消费者想要的快不仅体现在运

输速度上，还包括一键下单和简化的购买流程。快速无缝的体验与希望最大限度地提高在线购买效率的消费者产生共鸣，能够达到以上预期的电商会赢得消费者的信任和忠诚度。

Barnes and Noble 在商品详情页为消费者提供了立即购买的选项。在线购物一键完成。

对于那些使用传统支付方式的消费者，Barnes and Noble 还支持附近商店线上支付，线下提货。它还支持用 paypal 里的数据进行快速购物。

3. 隐私安全

消费者希望电商能保护他们的隐私并且是安全的，但消费者对于解决这些问题的耐心却日益减少。消费者对安全的高要求来源于数据泄露事件以及失去对像 Facebook、Equifax 和 Yahoo 的信任。这些公司最近都有重大的安全事件发生。如果消费者不确定他们的数据在电商网站上是否被安全保管，他们不会再次在该网站上消费。我们的研究对象希望他们有安全感并且认为电商妥善保管了他们的数据。电商企业应该在这些领域进行投资并且减少消费者对于数据安全的担忧。他们应该和消费者沟通他们在整个体验中如何谨慎地使用消费者数据，从而使消费者更有安全感。

4. 准确性

消费者对于"准确"的标准也有所上升。当企业提供准确的信息时，消费者会有良好的体验。现在消费者希望的"准确"包括地理位置、库存信息、订单状态、提货时间、价格、到货时间和用户评论。测试者发现电商的网站只提供模糊的商品信息、宽泛的到货时间或者额外收费时，他们会很失望。他们不明白为什么这个公司不能像其他公司一样提供精确的服务。

除了希望信息超级精确外，消费者对于那些不准确信息的容忍度降低。当测试者看到错误的信息或者遇到了一些"惊喜"时，他们立刻开始怀疑这个网站的可靠性。我们的一位测试者养了一只斗牛犬，他在 TheTCshop.com（主要经营狗类相关的礼品和用具）购物时发现网站将其他品种的狗也归为斗牛犬，他很不开心。他说："这个羊毛毯写着斗牛犬羊毛毯。我点开后马上生气了，因为他们竟然放了一张意大利卡斯罗犬的照片，这家网站把它们都弄成了斗牛犬。每次我去这种网站的时候，如果它把其他品种混在一起，我是不会在它上面消费的。"

在 TCshop.com 上，消费者注意到了网站错误标识了斗牛犬，他立刻觉得这个网站不靠谱。

永远给消费者呈现准确的信息，否则请不要放在网站上。提供的信息越准确，消费者越能产生更多的可控感，电商一定要培养消费者的这种可控感。当消费者面前充斥着各种各样的选择时，他们会质疑所有东西，从产品信息、评分到用户评价。持续给消费者提供准确和高质量的信息能培养消费者产生信赖感，这也是和其他竞争对手拉开差距的机会。

5. 更多选择

消费者除了希望获取高质量的信息外，他们也在其他地方寻求更好的体验。例如，网站提供的付款方式、快递、续订服务甚至客服的渠道。许多网站最近都提供了前所未有的灵活性，这种灵活性可以让用户根据自己的需求设计专属的购物体验。因此，消费者希望电商能够给他们随心所欲地选择。

比如，为了拉开与其他床垫零售商的差距，Casper.com 提供了免费试用 100 天的服务。如果消费者不满意，Casper 会上门取走床垫并且全额退款。

Casper.com 允许消费者免费在家试用床垫 100 天。

早期的电商只支持信用卡结算，不过最近开始出现其他结算方式：PayPal，Amazon Pay，Visa Checkout，Masterpass，Apple Pay 和 Amex Express Checkout. Overstock.com 甚至提供比特币结算（尚不确定加密货币是否会成为消费者愿意的结算方式）。

Overstock.com 提供不同的付款方式，包括 Paypal 和加密货币。

消费者还希望在客服上有多种选择。无论是在线客服、电话咨询，或者社交媒体，受访者都希望能够多渠道地接受帮助。当消费者需要帮助时，他们应该根据情况选择他们想要的咨询渠道。比如在工作中不适合讲电话，消费者可以在 Facebook 上留言；开车不方便打字，打电话最符合消费者的需求。消费者有不同的需求，也有不同的紧急程度，能够发消息和电话求助都是很有帮助的。西南航空通过在 Facebook Messenger 上提供客户服务，曾帮助用户在她的会员账户上修改名字。她觉得这个服务很快很方便，因为她也是 Facebook 的用户。

Overstock.com 清晰展示了所有客服的渠道，以及每个渠道的等待时间和响应时间等信息。

6. 体验

之前不错的用户体验在今天就变成了一般的体验。随着电商的发展，消费者的舒适等级上升，他们希望有更多的惊喜和愉悦。精致的包装、让人满意的内容，甚至实物向数字化的延伸，这些都能与竞争对手拉开差距。

比如 Stitch Fix 用细节体验吸引消费者。这种定制化的服务通过精美的包装和产品展示很好地衔接线下和线上的服务。每个快递盒还附上了富有创意的穿搭建议。

Stich Fix 结合愉悦的线上体验和线下策略，如好看的包装和穿搭建议来取悦消费者。

Neiman Marcus 在某些实体店推出了记忆镜子。这些镜子通过拍摄消费者试穿不同衣服的样子帮助他们对比。消费者还可以虚拟更换试穿衣服的颜色，这个镜子还提供 360 度全景视角，方便查看。消费者还可以分享试穿的照片给其他人。再如 Urban Outfitters 的应用提供可扫描的二维码，消费者在结算的时候可以在商店中获得奖励。

Urban Outfitter 手机 App 中特制的店内功能丰富了消费者的购物体验。

一位受测者很喜欢 Office Depot 提供的她用公司账号在店内的购买记录。她说："这样我就不用打电话给客服让他们帮我们查我的购买记录，终于解脱了！"这对企业来说，他们也可以知道哪些产品需要支出。这个功能也同样方便消费者再次购买。

Office Depot 把店内购买记录分类展示给消费者。

7. 总结

消费者对电商体验的看法直接取决于他们的期望，以及这些期望是否能被满足。

商家应该思考不断变化的电商领域以及这些变化是如何影响消费者使用商家的网站和服务的。商家应该在本文提到的更大的框架中去评估用户体验。同时，请思考你是否达到了消费者的预期，或者你是否时刻因消费者的需求变化而有所改变。

第四章

商品主图设计与制作

【知识目标】

1. 了解商品主图设计与制作的基础理论知识。

2. 掌握商品主图设计与制作的方法。

【技能目标】

1. 掌握商品主图设计的设计流程。

2. 能够独立完成商品主图的设计。

3. 能够设计制作出主题突出醒目，空间布局新颖，能够吸引受众的注意力的版面。

4. 对色彩的应用符合主题的视觉识别要求。

5. 具备主图制作文件尺寸符合店铺需要，图像制作精美，在制作过程中善于利用软件的能力。

【知识导图】

情境导入

无论消费者是通过自然搜索还是类目搜索，展现在眼前的第一张图片就是商品主图。商品主图仅仅是为了展现吗？如何以最佳的方式将商品的价值传递给消费者？如何在第一时间吸引消费者的注意，并让消费者产生兴趣和好感，从而有效提高点击率，增加流量？事实上，主图的好坏决定着消费者在看到这张图片后是否单击进入详情页，从而促成交易。

一张诱人的主图可以节省一大笔推广费，吸引很多流量。设计部主管华昊针对新品上新的需要，发出一份任务单（见表4-1），要求给茶花随手杯设计有吸引力的主图。

表4-1　任务单

任务指派人	华昊		发出日期	9.18
			完成日期	9.30
任务名称	茶花随手杯的主图制作			
任务要求	有明确细文档（见表4-1下方）列明要求　☑			
	其他：			
	任务用途首页　☐	主题独立页　☐		官方承接页　☐
	主图　☑	直通车图　☐		钻展图　☐
	详情基础优化　☐	详情深度优化　☐		商品运营策划　☐
	官方引流图　☐	主题广告图　☐		新品上新　☐
	常规活动营销策划　☐	主题活动策划　☐		大型活动策划　☐
	其他：			
自我检查			确认签名：	
组长检查			确认签名：	
验收人	按要求完成：是　　否		确认签名：	

明确细文档：

上新品，在图4-1的9张茶花随手杯拍摄图中选择并设计茶花随手杯的1张主图和4张辅图。

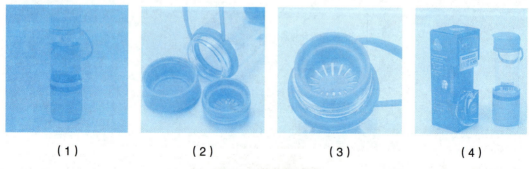

（1）　　　　　　　（2）　　　　　　　（3）　　　　　　　（4）

图4-1　茶花随手杯

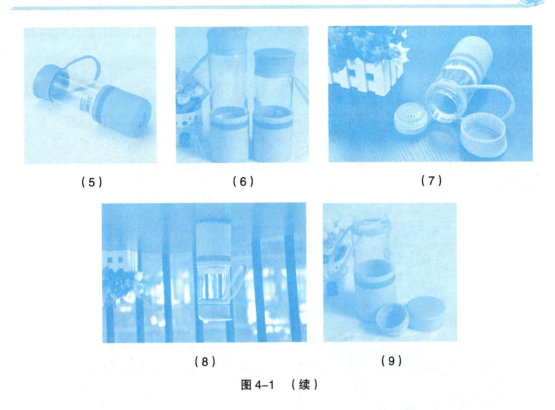

（5）　　　　　　　　（6）　　　　　　　　（7）

（8）　　　　　　　　（9）

图 4-1　（续）

具体要求：

（1）主图设计要求有好的构图，能清晰地进行品牌宣传，可以有一定的场景表现。

（2）从商品和消费者的角度提取商品卖点来设计图片，勾起消费者的点击欲。

（3）主图设计要有简约、大气的感觉。

（4）将卖点、排版、文案、色彩等结合起来进行设计以提高点击率，而不要简单粗暴地使用"顺丰包邮""四折秒杀""直降10元"等语句。

（5）设计规格均为800像素×800像素，JPEG格式，能以不同的比例尺寸清晰显示。

第一节　商品主图概述

一、商品主图的定义

图是消费者搜索的必经之路，无论消费者是通过自然搜索还是类目搜索，展现在眼前的第一张图片就是商品主图。

商品主图仅仅是为了展现商品吗？如何以最佳的方式将商品的价值传递给消费者？如何在第一时间吸引消费者的注意，并让消费者产生兴趣和好感，以获取点击量，从而有效

地提高点击率，增加流量。因此，主图的好坏决定着消费者在看到这张图片后能否点击进入详情页，从而促成交易。

二、认识商品主图

商品主图是指位于商品详情页左侧上部的图片（见图 4-2）。主图由首图（第一张图）和辅助图（第二张及以后的图）两部分组成。其中首图还会出现在商品列表页和搜索页（见图 4-3）等重要位置，因此非常重要。例如，淘宝网一般抓取主图的第一张图片用于搜索页面的显示。

图 4-2　认识商品主图

图 4-3　搜索页面显示的商品主图

三、商品主图的作用

主图是消费者从店铺中了解商品的主要途径，规范的主图是提高商品转化率的重要因素。主图的作用如图4-4所示。

图4-4　商品主图的作用

第二节　商品图片美化

一、商品图片素材的选择

只有高品质的素材图片，才能更好地展示商品的优点和卖点，才能激起消费者的点击欲望。

1. 商品主图清晰度

在主图素材的选择中，首先要选出符合淘宝规范的图片，其次图片的清晰度便成为首要条件，一张清晰的图片会给人一种安全感，让人清楚地看到产品的模样，达到望梅止渴的作用。一张模糊的图片会影响买家的视觉体验，还会影响商品的价值体现。

图4-5中的左图为一张清晰的主图，再加上模特的动作，很好地展示了衣服的质感和款式。而图4-5中的右图很模糊，让人对这款商品没有信心。

图4-5　清晰与模糊的图

2. 商品主图的曝光度

保证了素材清晰度后，需要选择一张正确曝光的图片，光线的色温和明暗会造成商品色差的问题，不能正确地反映出商品本来的颜色，这样很容易引起售后纠纷，从而给店铺带来不利的影响。

图 4-6 中的左图为曝光正确的图片，能清晰地看出衣服的颜色和花纹。而图 4-6 中的右图为曝光不足的图片，衣服由于曝光不足显得过于灰黑，给人一种不干净的感觉，甚至让人感觉是旧衣服。

图 4-6　曝光度正确与不足的图片

3. 主图的像素大小

由于淘宝的主图展示支持图像放大功能，为了让消费者能更清楚地查看商品的细节，商品主图应尽量选用 800 像素 ×800 像素以上的图片。

图 4-7 为达到像素要求的主图，达到像素要求后，主图右侧会显示一个放大镜功能，将鼠标指向放大镜图标后，即可将鼠标指向的区域在右侧放大显示。

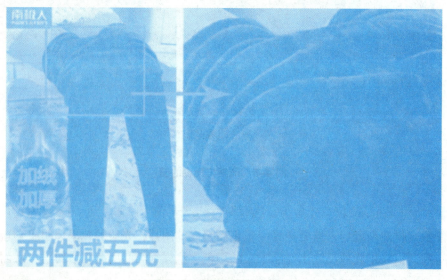

图 4-7　商品主图放大效果

二、商品图片的裁剪

"裁剪工具"是较为常用的工具，类似于日常生活中使用的剪刀，操作简单。下面对"裁剪工具"的使用及相关技巧进行讲解。

1. 裁剪出正方形

商品主图一般要求是正方形，而我们拍摄出来的商品照片，一般是 4：3 的比例，需要通过剪裁将图片处理成正方形。

操作步骤如下：

（1）执行"文件"—"打开"命令，找到图片所在的路径，选中后单击"打开"按钮。（说明：在后面的操作中，打开文件步骤的操作简写为"打开文件"。）

（2）选择"裁剪工具"。单击"工具箱"上的工具按钮或按快捷键 C，按住 Shift 键不放，从灯的左上角向右下角拖出一个正方形的选区，鼠标放在虚线框左下角，当出现双箭头标志时，拖动调整大小。虚线框内高亮的部分是裁剪后保留的内容，外面的区域是裁剪掉的部分，按 Enter 键确认裁剪，如图 4-8 所示。

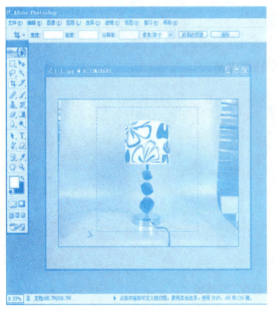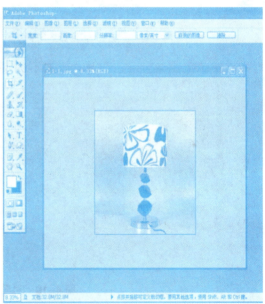

图 4-8　商品主图裁剪出正方形

（3）确认裁剪后的效果，如图 4-9 所示。

（4）保存文件。执行"文件"—"存储为"命令，输入文件名，图片一般储存为 JPEG 格式，选择保存的位置，单击"保存"按钮。（说明：在后面的操作中，保存操作简写为"保存文件"。）

2. 裁剪重新构图

通过裁剪可以对图片进行二次构图。如图 4-10 左图所示，原图片背景部分太多、人

物不突出，利用"裁剪工具"，对图片进行裁剪，将人、手、物、眼睛放在黄金分割点上，进行裁剪后，人物更突出，构图更美观（见图4-10右图）。

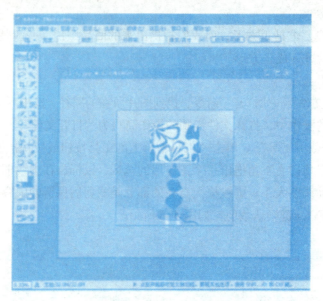

图4-9　裁剪后的效果

图4-10　对图片进行二次构图

3. 放大裁剪突出细节

在淘宝网的商品描述中经常要用到商品细节图，除了拍摄时可以用微距拍摄出细节特写照片外，还可以将拍摄后的原图放大，从放大后的图片中裁剪出细节图，如图4-11所示。

4. 固定尺寸裁剪

在"裁剪工具"属性栏（见图4-12）中可以设置宽度与高度的像素值。图片裁剪后会自动缩放到设定好的尺寸。在对轮播图片、店招图片、描述分割图等裁剪时，可以灵活使用这种方法。

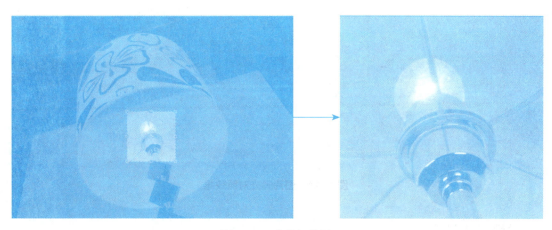

图4-11 商品细节图

图4-12 "裁剪工具"属性栏

三、商品图片的调色

在拍摄照片时因为环境光线的原因，经常会拍摄出曝光不足或偏色的照片。在网络营销过程中，图片的质量会直接影响成交的结果。比如一张曝光不足的照片，消费者连商品都看不清楚，成交的可能性肯定不大。如果消费者看到的图片颜色与真实颜色有偏差，那么中差评的概率就会大大增加。为了减少这种错误，我们有必要学习有关商品调色的相关知识。

1.调整亮度（"色阶工具"）

色阶表示图像中从暗（最暗为黑色）到亮（最亮为白色）像素的分布情况，一般以波浪峰值的直方图表示，表现了一张图片中从暗到亮的各个层级中像素的分布数量。通过"色阶工具"，可以调整图片的亮度。"色阶"对话框（见图4-13）中包含了所打开图像的全部色彩信息，这些信息按亮暗分布在直方图中。

图4-14左图是一张曝光不足的图片，我们通过"色阶工具"将其调整为较为正常的曝光效果（见4-14右图）。

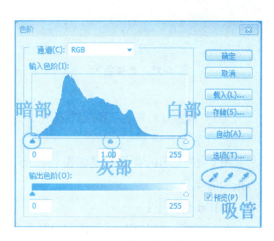

图4-13 "色阶"对话框

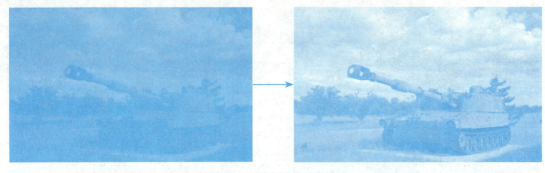

图4-14　图片曝光对照效果

操作步骤如下：

（1）打开图片。

（2）单击"色阶工具"，执行"图像"—"调整"—"色阶"命令。

（3）按住鼠标左键拖动。图4-15中右端的三角（也称为白场三角）向左调整，整个图片的亮度会增强；拖动中间的三角（也称为灰场三角）向左调整，会增强中间的亮度。在拖动的同时观察图片的颜色变化，调整完成后松开鼠标完成色阶设置，如图4-16所示。

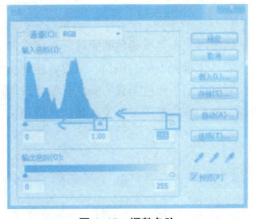

图4-15　调整色阶

图4-16　完成色阶设置

（4）调整好后单击"确定"按钮，完成调整。

2. 偏色图片调整

图4-17左图的背景明显偏橙色，接下来我们利用"色阶工具"和直方图来将其调整为正确的颜色。

操作步骤如下：

（1）执行"窗口"—"直方图"命令，如图4-18所示。

（2）在"直方图"面板的右上角单击小三角标志，在弹出的下拉菜单中选择"全部

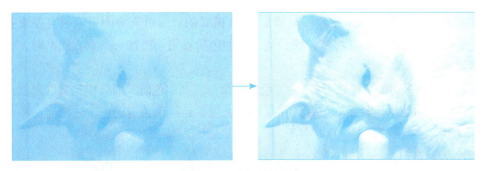

图4-17 偏色图片调整

通道视图"命令，如图4-19所示。

（3）在"直方图"面板的右上角，单击小三角标志，在弹出的下拉菜单中选择"用原色显示通道"命令，如图4-20所示。

图4-18 选择"直方图"选项

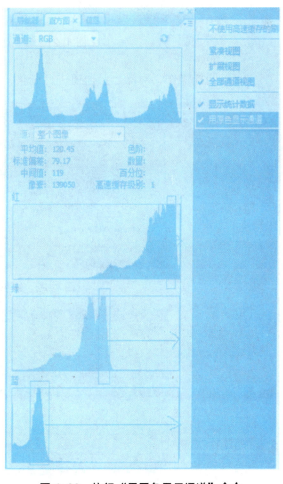

图4-19 执行"全部通道视图"命令

图4-20 执行"用原色显示通道"命令

在调色原理方面，网络图片一般都是 RGB 模式的，通过直方图可以很直观地查看到每个通道的色阶分布情况。将红、绿、蓝三色的色阶峰值调整在一条垂直线上时，偏色就可以得到校正。

（4）执行"图像"—"调整"—"色阶"命令，在"色阶"面板中选择红色通道，将白色三角向左移动到色阶波峰位置，在直方图里观察到红色通道的色阶波峰向右移动，如图 4-21 所示。

图 4-21　红色通道调整步骤

（5）同样操作，对绿、蓝通道进行调整，如图 4-22 和图 4-23 所示。

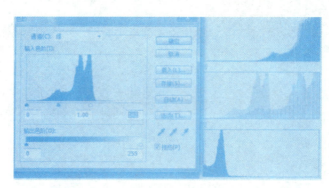

图 4-22　绿色通道调整

图 4-23　蓝色通道调整

调整前后的效果对比如图4-17所示。我们可以看到，从颜色和亮度上进行调整后的图片已得到非常好的还原。

总之，通过直方图观察红、绿、蓝三色通道色阶的波峰位置，利用"色阶工具"调整三个通道色阶的主波峰，使其处于同一垂直线上，偏色会得到校正，同时调整图片到合适的亮度。

3. 让图片更出色（色相／饱和度）

在拍照时因为光线或其他的原因，有时拍出来的照片颜色较暗，不够鲜亮，与实物颜色有一定的差别，这时我们可以使用"色相／饱和度"命令来调整颜色的浓淡。图4-24左图中的茶叶颜色较暗，近似墨绿色。为了体现茶叶真实的绿色，可以用"色相／饱和度"命令来调整颜色。色相的调整会改变图片的颜色，在颜色真实的情况下，不建议调整色相值。

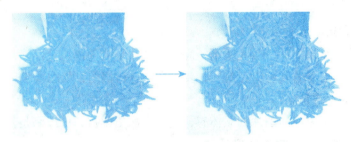

图4-24　调整图片颜色的浓淡

操作步骤如下：

（1）执行"图像"—"调整"—"色相／饱和度"命令，打开"色相／饱和度"对话框。

（2）拖动调整饱和度的滑块向右移动，增加图片的饱和度，同时观察图片的颜色变化，与实际颜色相同后停止，如图4-25所示。

（3）确定完成饱和度的调整，如图4-24右图所示。

图4-25　调整"色相／饱和度"

第三节　商品主图设计与制作

一、商品主图的设计

（一）商品主图的设计要领

商品主图是消费者了解商品的"开始"，也是推广商品的唯一"入口"，优化商品主图，可以提高商品的点击率。商品主图的设计主要包括背景、商品、文案三个要素。

1. 背景

（1）纯色背景。

纯色背景更加突出商品，给人清晰干净的感觉，更容易添加商品卖点与促销信息。但要注意背景和商品本身的颜色要有差异，要对商品进行抠图，如图4-26所示。

（2）功能场景背景。

搭建功能场景可以增加图片的立体感，使得层次更丰富，可以满足消费者的心理需求和想象，更容易被关注，如图4-27所示。

图4-26　纯色背景　　　　　　　　　图4-27　功能场景

2. 商品

（1）保证商品的重要位置。

商品尽量不要被任何素材及文字覆盖，要保证图片与素材或文字的间距至少有10像素的宽度。在进行商品拍摄时，作为"配角"的搭配物品一定要注意主次关系，避免造成消费者的误解。商品的面积占比至少为30%，消费者才会自动根据图片中的比例关系去区分商品，如图4-28所示。

（2）保证图片的清晰度。

作为商品主图，清晰度是最为重要的。清晰的图片能给人一种很强的品质感。因此在进行图片处理的时候，如在缩放商品图片时，商品会相应地变模糊，要注意将较暗的图片通用色阶调亮，模糊的图片可以适当锐化，让它变得更清晰，这样商品看上去更有质感。但是，缩小了的图片切勿直接放大，如果觉得商品图片缩放得太小，可以用高精度原图重新缩放，如图4-29所示。

图4-28　商品处于主图的中间位置

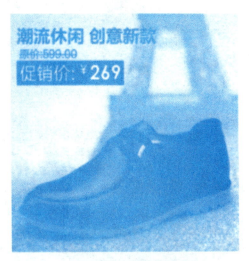

图4-29　清晰的鞋子

3. 文案

（1）精准提炼商品的卖点。

商品主图的文案首先要突出商品的卖点，可以是功能、优势或价格等，只有卖点清晰才能吸引消费者点击，如图4-30所示。主图的卖点必须精练、准确，功能类商品以展示功效为主，对于优势突出的商品以展示优势为主，面向普通工薪消费人群的商品以展示优惠折扣为主。切勿盲目展示所有信息，否则事倍功半。

（2）文字排版整齐统一。

商品主图的文字排版需要整齐、统一。整齐即所有文字左对齐、居中对齐或右对齐。统一即字体、样式、颜色、大小、行距、字间距等相对一致，对于其中的重点信息可以通过改变字体大小或颜色来突出，如图4-31所示。

（二）商品主图的制作规范

（1）商标可将品牌Logo置于主图左上角，且Logo的大小在固定比例以内，宽度小于等于图片大小的十分之四，高度小于等于图片大小的十分之二，如图4-32所示。

图 4-30　突出卖点

图 4-31　文案居中排列

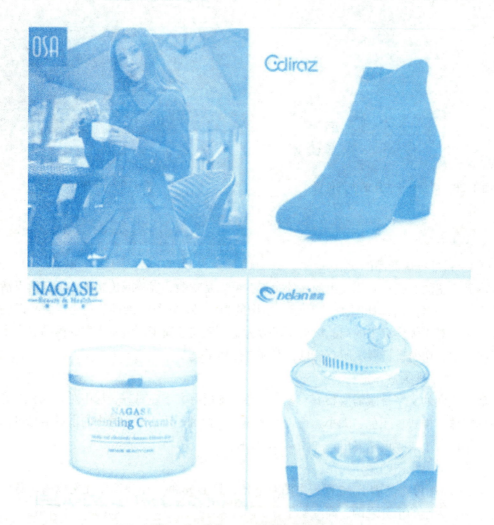

图 4-32　品牌 Logo 放置于主图左上角

（2）主图尺寸。以淘宝网为例，主图的尺寸大小有相应的规定，如图4-33所示。

图4-33　主图的尺寸规定

（3）图片不得拼接，如图4-34所示。

图4-34　无拼接图片

（4）图片不得出现任何形式的边框，如图4-35所示。

图4-35　无边框图片

（5）图片不得留白（上下左右），如图4-36所示。

（6）商品主图必须是实物拍摄图，以增加消费者的信任度。实物拍摄图是指该件商品本身的拍摄图片，不得引用杂志图、同款官网图、其他品牌商品图片、影视片截图等。例如，书包的实物拍摄图如图4-37所示。

图 4-36　错误的示例　　　　　　　图 4-37　书包实物拍摄图

（7）主体突出。商品主体突出，无"牛皮癣"，如图 4-38 所示。

友情提示："牛皮癣"
是指主图上的文字
太多，没有经过排
版，覆盖在商品上，
商品主体不突出。

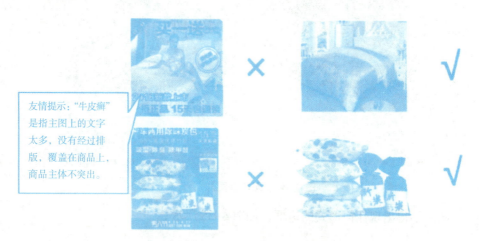

图 4-38　"牛皮癣"主图和标准的主图

（三）商品主图的构图方式

在画面中，起主导地位的是什么？就是构图！构图是影响作品呈现效果的主要因素。主图的构图方式因不同的产品而有所不同，下面分别介绍几种主要的构图方式。

1. 黄金分割构图

"黄金分割"是由古希腊人提出的，遵循这一规则的构图形式被认为是和谐的。

在画面上横向、纵向分别画两条等分线，这四条线相交的点就是通常所说的黄金分割点，将要表现的物体置于相交的四个点中的其中一个点即可，这种方法被称为黄金分割构图。

图 4-39 为两张使用黄金分割方式进行构图的主图，将画面主体放置在整个画面的三分之一处，使画面具有稳定感、安全感。

2. 直线式构图

直线式构图是最简单的构图方式，可以整齐简约地将产品展示出来，这样的排列具有很强的规则性，是一种对齐原则。这样的构图方式可以将大小不同和颜色不同的产品进行对比排列，可以将多种颜色和各种尺寸的产品进行排列展示，如图4-40所示。

图4-39　黄金分割构图

图4-40　直线式构图

3. 渐次式构图

渐次式构图使产品的展示更有层次感和空间感，将产品由大到小、由实到虚、由主到次来进行排列，将重复的商品打造出层次感和空间感，使产品更有表现力，如图4-41所示。

4. 三角形构图

三角形构图具有稳定性，会展示出一种安定的视觉效果，均衡又不失平衡。三角形包括正三角形、倒三角形、斜三角形等，适合三角形构图的产品是要有一定规则的几何体。三角形构图方式使商品显得更有气势和坚固，如图4-42所示。

5. 辐射式构图

辐射式构图是从内向外进行扩张的，使画面更具有活力和张力。这种构图比较适合线条形的产品，能很好地集中表现产品，从而不失产品的重心，如图 4-43 所示。

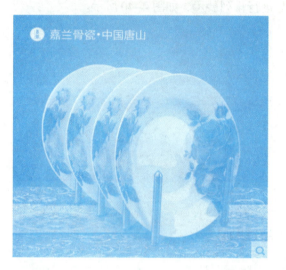

图 4-41　渐次式构图

图 4-42　三角形构图

图 4-43　辐射式构图图片

6. 对角线构图

对角线构图是将产品摆放在对角线上，使产品更具有视觉冲击力，可以突出产品的立体感、延伸感和动感。这种构图适合表现立体感的产品，如图 4-44。

7. 其他构图

由于产品的种类繁多，商家们也使出了各种摆拍方式，使产品的构图更加多样化，想以独特的构图方式来吸引消费者的眼球。比如将产品根据一定的形状进行摆放，以展示商品的多元性，如图 4-45 所示。

（四）商品主图的信息分层

信息分层就是将商品主图中的信息按照一定的计划一层一层地展示出来。例如，如果图中包括三层信息，那么首先展示什么信息，其次展示什么，最后展示什么要层次分明。

图4-44　对角线构图图片

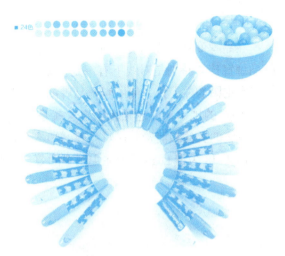

图4-45　独特的构图图片

比如在图4-46中，可看出最优先展示的是产品本身，产品的图片在整个画面中是最突出的；其次是产品价格，价格的颜色对比很强烈，表现力仅次于产品；再次是使用文案表现产品的材质；最后是品牌Logo。整个主图中信息的先后展示顺序明显、主题明确。

图4-47中同样是优先展示产品，然后是产品价格和正品保证，接着是质保，最后是产品品牌。这样做是为了将产品最有优势的方面进行优先展示，让消费者最先看到。如果产品性价比高，那么就优先展示价格和性能；如果产品品牌效应强，就优先展示产品品牌。我们要根据实际情况，对主图的信息合理分层并进行有效展示。

图4-46　优先展示产品图1

图4-47　优先展示产品图2

（五）商品主图的品牌宣传

在品牌商标方面所有人都可以将品牌 Logo 放置于主图的左上角，这样做的目的是进行品牌宣传。特别是对线下有一定基础的品牌，转到线上后，完全可以将品牌 Logo 统一放置在主图的左上角，使了解此品牌的老顾客能快速识别，唤醒老顾客的记忆，并通过主图中 Logo 的展示，使老顾客认定这就是他要的正品；也让新顾客能快速认识此品牌，吸引新顾客的关注和消费，这对品牌的塑造和宣传能起到很大的作用。

图 4-48 为将 Logo 展示在主图中的效果，可让顾客对商品加深印象。

图 4-48　Logo 置于主图左上角图片

（六）商品主图的场景表现

对于很多表现力比较单一的产品来说，除了可以将产品进行各种创意式的摆放，还可以将产品放进它的使用环境中，以此来提升产品的表现力，使消费者看到后就联想到自己在这个场景中的使用效果，就好像消费者看到模特穿的衣服很好看，就能联想到自己穿着也是这么好看。

图 4-49 为模特穿着羽绒服在街上，这样的表现方式使消费者看到后会联想到自己穿着漂亮的羽绒服在逛街；图 4-50 为将一张茶几放到和产品相匹配的环境中，让消费者联想到将这件商品放到自己家中再配上一条地毯是什么效果，这样更有利于消费者产生联想。

二、制作商品主图

（一）制作商品主图背景

（1）打开 Photoshop 软件，执行"文件"—"新建"命令或按 Ctrl+N 快捷键，调出"新建"对话框，名称为"产品主图"，宽度、高度均设置为"800 像素"，分辨率为"72"像素／英寸，背景内容为"白色"。

图 4-49　产品放进使用环境图片

图 4-50　产品放进使用环境图片

图 4-51　"新建图层"对话框

（2）在"图层"面板中双击"背景"图层，弹出"新建图层"对话框（见图 4-51），单击"确定"按钮，解除背景图层的锁定。

（3）设置前景色为灰色（R：201，G：201，B：201），按 Alt+Del 快捷键，填充"图层 0"，如图 4-52 所示。

（4）在"图层"面板单击"新建图层"按钮 ，新建"图层 1"，设置前景色为天蓝色（R：84，G：170，B：219），按 Alt+Del 快捷键填充"图层 1"，效果如图 4-53 所示。

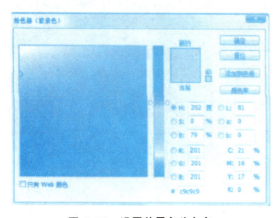

图 4-52　设置前景色为灰色

图 4-53　填充天蓝色的图层效果

（5）选中"图层 1"，按 Ctrl+J 快捷键复制"图层 1"，得到"图层 1 副本"，如图 4-54 所示。

（6）隐藏"图层 1"，将"图层 1 副本"重命名为"翻页"，利用"矩形选框工具"（快捷键 M）在"翻页"图层的右下角绘制一个矩形选框，并填充为白色，按 Ctrl+D 快捷键取消选区，如图 4-55 所示。

（7）执行菜单"编辑"—"自由变换"命令或按 Ctrl+T 快捷键，然后单击选项栏中的"变形"按钮 选择"自由变换"，如图 4-56 所示。

图 4-54　复制图层

图 4-55　绘制矩形选框

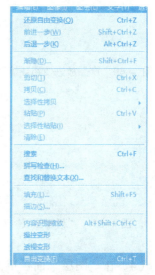

图 4-56　选择"自由变换"

（8）单击"翻页"图层右下角的控制点向内拖动，按下回车键确认变形效果，如图 4-57 所示。

（9）为了使翻页效果更加逼真，可以为"翻页"图层添加投影。在翻页图层上右击鼠标，在弹出的快捷菜单中选择"混合选项"命令，打开"图层样式"对话框，勾选"投影"。设置和效果如图 4-58 和图 4-59 所示。

（10）利用"圆角矩形工具" 绘制商品展示区，最终效果如图 4-60 所示，执行"文件"—"存储"命令或按 Ctrl+S 快捷键保存商品主图的背景。

（二）添加商品图片素材

（1）用 Photoshop 打开素材图片，解除图片背景图层的锁定，将图片移动到商品主图

图 4-57　拖动变形

背景的"商品"展示区，效果如图4-61所示。

（2）在"商品"图层上右击鼠标，在弹出的快捷菜单中选择"创建剪贴蒙版"命令，调整图片的位置和大小。图层设置与效果如图4-62和图4-63所示。

（三）加入商品卖点和促销信息

（1）使用"文字工具" $\boxed{T}$ ，输入文字"16.00""19.00"和"HOT限时促销"，如图4-64所示。

（2）用Photoshop打开素材图片，将店标移动到商品主图背景文件中，使用"文字工具" $\boxed{T}$ ，输入文字"乐享办公文件架"和"BANGONG WENJIANJIA"。文字设置如图4-65所示。

图4-58　"图层样式"对话框

图4-59　翻页效果

图4-60　背景最终效果

图4-61　添加"文件架"图片

图 4-62　图层设置

图 4-63　设置效果

图 4-64　添加文字

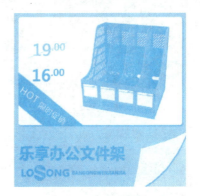

图 4-65　最终效果

第四节　商品主图上传

一、图片空间

图片空间（见图 4-66）就是用来储存商品图片的网络空间。根据图片存放数量的不同，图片空间可以分为大小不同的空间，如 10M、30M、1G、2G 等。一般情况下，按照平均每张图 100K 大小来计算，30M 的空间可以放 300 张左右的图片（1M=1024K，1G=1024M，可以根据图片的平均容量大小换算一下）。用于存储网店商品图片的空间主要有两大类：收费的和免费的。

收费的图片空间如淘宝网提供的图片空间，是用来储存淘宝网商品图片的官方存储空间，能迅速提高页面和商品图片的打开速度，从而增加消费者点击商品的数量，进而提高商品曝光度，实现销售额增长。

至于免费的图片空间，在网上很容易找到。据调查，使用比较多的就是 51 相册，不过51相册已经正式宣布普通用户禁止外连图片作为商用，商用图片的用户开通 VIP 会员服务方可继续使用。开店当然属于商用，这对于广大店主来说，又少了一个免费的存储空间。事实上，寻找服务好的永久免费的图片空间是很难的，若是长期开网店，还是建议寻找专业的、收费的图片空间会更有保障。

图 4-66　图片空间

此外，还有收费、免费混合型的图片空间。有些图片空间是专业的图片存储和分享网站，提供免费的外连相册，空间无限，也给专业的用户提供 VIP 服务，价格合理。比如 QQ 空间的图片容量，免费用户是 16M，而会员和黄钻用户是 100M（收费的）。

二、上传商品图片到图片空间的方法

（1）以淘宝网为例，首先登录淘宝网，进入"卖家中心"页面，如图 4-67 所示。

图 4-67　"卖家中心"页面

（2）单击左侧"店铺管理"栏目中的"图片空间"选项会跳到如图 4-68 所示的页面，这时单击右上角的"上传图片"按钮。

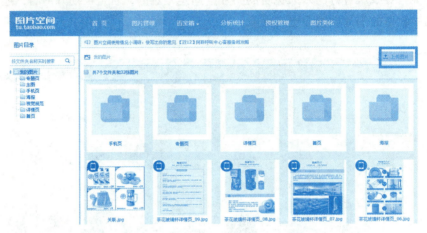

图 4-68　上传图片

（3）单击"上传图片"按钮后会出现如图 4-69 所示的页面，这时单击"修改位置"按钮来更改图片存储的位置。高速上传需要下载安装控件，这里采用"通用上传"方式。单击"点击上传"按钮，找到要上传的图片，单击"打开"按钮即可上传图片到相应位置。

图 4-69　上传图片到相应位置

三、主图上传方法

（1）首先登录淘宝网，进入"卖家中心"页面。

图 4-70　"宝贝管理" 栏目

（2）单击左侧"宝贝管理"栏目中的"发布宝贝"选项，如图 4-70 所示。

（3）宝贝类目默认发布的是"一口价"，也可以选择"拍卖"选项，或"个人闲置"选项，但这两项的商品不是全新的。如果商品是全新的，直接选择类目就可以了。想快速找到要发布的商品类目，可以在类目搜索栏里面输入关键词，如"水杯"，系统会自动匹配 10 个类目可供选择，只要找到与商品最接近的那个就可以了。选择好后，单击"我已阅读以下规则，现在发布宝贝"按钮，如图 4-71 所示。

图 4-71　发布商品

（4）填写商品的基本信息，类目选择的不一样，信息选项也不一样，要根据商品来填写，注意一定要真实，如图 4-72 所示。

图 4-72　填写商品信息

（5）上传商品的主图及描述。可先把图片上传到图片空间也可以直接上传。这里将图片上传到图片空间的主图文件夹，这样方便查找图片，如图4-73所示。

图4-73　上传图片

（6）在"图片目录"中按五张主图的顺序单击即可将主图上传到图片空间，如图4-74所示。

（7）最后填写完其他的相关信息，单击"发布"按钮即可发布商品。发布后主图的效果如图4-75所示。

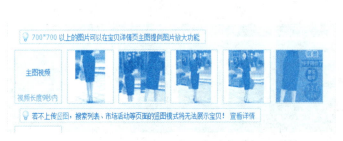

图4-74　上传商品主图　　　　　　　图4-75　商品主图效果

课堂练习

上传随手杯主图，制订以下计划：

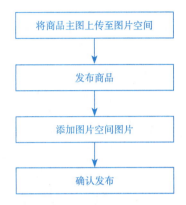

（1）将五张商品主图上传到图片空间。

（2）发布商品，选择图片空间的图片。

（3）确认发布。

计划实施

（1）上传五张茶花随手杯主图到图片空间，如图4-76所示。

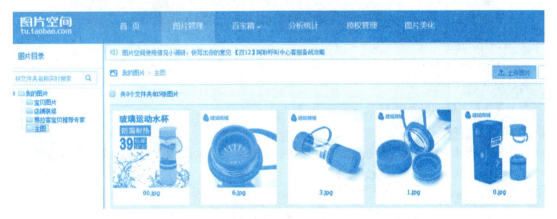

图4-76　图片上传

（2）在"卖家中心"页面的左侧"宝贝管理"栏目中选择"发布宝贝"选项，选择水杯类目进行发布。

（3）填写相应的商品基本信息和其他信息。

（4）添加图片空间中主图文件夹中的五张茶花随手杯的主图到商品主图中，如图4-77所示。

（5）单击"发布"按钮完成商品的发布。

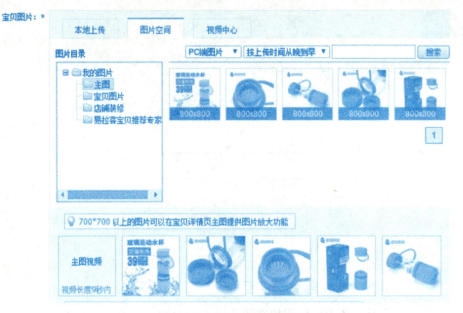

图4-77 添加商品主图

主图设计

1. 实训目的

了解商品主图制作的设计方法及步骤，掌握设计商品主图的方法。

2. 实训准备

（1）组队：4~6人一组（至少有一位同学有自己的店铺），并选出一名组长，分配好组员的工作。

（2）素材：自己店铺的商品图片若干。

3. 实训任务

请从商品主图主题、背景、配色、字体、版面布局等方面入手为店铺商品设计主图，设计规格均为800像素×800像素。

4. 实训步骤

（1）选择好五张图片。

（2）对图片进行美化。

（3）在五张图片中选取一张作为主图，其他四张为辅图。

（4）搜寻商品主图素材。

（5）确定字体、配色方案。

（6）进行版面排版设计。

（7）用Photoshop制作商品主图和辅图。

（8）将商品主图和辅图上传到店铺中。

5.任务实施

（1）确定商品主图关键词。

（2）收集商品主图素材。

（3）确定字体。

（4）确定配色。

（5）进行版面设计。

（6）用 Photoshop 制作商品主图和辅图。

（7）添加商品主图到店铺。

　　通过本章的学习，我们了解了主图的定义、作用和规范，设计主图的技巧，以及商品图片的美化、主图的设计以及主图的上传方法。主图是引流的主要途径，在设计主图时，要注意主题明确，确保商品处于主体位置，要提炼商品的卖点和促销信息，并且排版美观，最好能有富有创意的展现方式。

课后练习

1.简述商品主图的定义及规范。

2.通过学习，请你为自己店铺中的十种商品设计制作主图并上传到店铺中。

拓展阅读

蝶恋

　　品牌主题区：优雅风尚、甜美主张、时尚元素。

　　蝶恋服饰旗下拥有蝶恋、崔之恋、尔朴树、亦心家园等知名品牌，蝶恋服饰的设计风格追求甜美、性感、优雅，并融合了中国现代服饰的浪漫高雅和日韩服饰的时尚元素，真正再现了"现代小资女人"对美的渴望。其核心消费圈为 18～30 岁引领潮流的时尚女性。

　　崔万志是蝶恋服饰的创始人，出生于安徽省肥东县，自幼患小儿麻痹症，在求学的过程中也备受冷落。他通过发奋读书，考上了距离家乡几千里的新疆石河子大学。崔万志现为浙江大学客座讲师、阿里巴巴 NCC 宣讲专家。2011 年被评为"安徽年度十大新闻人物"；2012 年被评为"阿里巴巴全球十大网商"；2012 年 3 月，做客凤凰卫视《鲁豫有约》，诉说百味人生；2013 年被评为"CCTV 中国创业新生代榜样"。

蝶恋服饰的发展历程：

2007 年 5 月 1 日，蝶恋服饰公司正式成立，员工 5 人。

2008 年 4 月 10 日，蝶恋服饰成为淘宝商城第一批入驻商家，尔朴树旗舰店和 epsure 旗舰店启动。

2008 年 7 月 11 日，尔朴树制衣厂挂牌成立，成为蝶恋服饰旗下第一家服装厂，共有工人 30 人。

2010 年 5 月，蝶恋服饰成立三周年，亦心家园也成为四皇冠店铺，5 月 31 举行了庆祝仪式，公司员工发展到 50 人，生产厂累计有 100 位技术工人。

2011 年 4 月，蝶恋服饰从写字楼搬到独立的办公大楼。

2011 年 5 月，亦心家园成为金皇冠店铺。

2011 年 9 月，蝶恋服饰荣获 2011 年全球网商 30 强。

2011 年 10 月，蝶恋服饰赞助 2011 年世界旅游文化小姐大赛安徽赛区 30 强服饰。

2011 年 11 月，蝶恋服饰 CEO 崔万志入选"安徽省十大新闻人物"。

2012 年 2 月，蝶恋服饰携手《鲁豫有约》举办春装发布会并接受著名主持人陈鲁豫的专访。

2012 年 3 月，蝶恋服饰携手浙江卫视举办时装发布会。

2012 年 4 月，蝶恋服饰旗下亦心家园店铺荣升两金冠，单店卖家信用突破 100 万。

2012 年 9 月，蝶恋服饰入选第九届全球十佳网商。

对于服装销售来说，商品描述能否打动消费者，促销是否给力是成功与否的关键，当然这都得在遵守淘宝规则的前提下进行。

详情页的设计与制作

【知识目标】

1. 了解网店详情页的基础理论知识。
2. 掌握网店详情页的制作方法。
3. 理解商品详情页的作用。
4. 知道商品详情页包含的内容模块。

【技能目标】

1. 掌握网店详情页的设计流程。
2. 能够根据商品的卖点合理布局商品详情页。
3. 能够独立完成网店详情页设计。

【知识导图】

 情境导入

在网店销售中，无论是新手商家还是老商家，都知道商品详情页的重要性。一个好的商品详情页能详细介绍商品或服务并且突出卖点，能激起消费者的购买欲，打消消费者的顾虑，促使商品下单购买，从而提高店铺转化率并降低客服接待工作量。那么，什么样的商品详情页才能更吸引目标客户呢？

因新品上新的需要，设计部主管华昊发出一份任务单（见表 5-1），要求制作茶花随手杯的详情页。

表 5-1　任务单

任务指派人	华昊	发出日期		11.20
		完成日期		12.3
任务名称	茶花随手杯的详情页制作			
任务要求	有明确细文档（见表 5-1 下方）列明要求 ☑ 其他：			
任务用途	首页 ☐	主题独立页 ☐	官方承接页 ☐	
	主图 ☐	直通车图 ☐	钻展图 ☐	
	详情基础优化 ☑	详情深度优化 ☐	商品运营策划 ☐	
	官方引流图 ☐	主题广告图 ☐	新品上新 ☐	
	常规活动营销策划 ☐	主题活动策划 ☐	大型活动策划 ☐	
	其他：			
自我检查		确认签名：		
组长检查		确认签名：		
验收人	按要求完成：是　否	确认签名：		

明确细文档：

上新品，为茶花随手杯（见图 5-1）制作一张详情页。

具体要求：

（1）设计要突出产品卖点。

（2）表现要简约大气，排版合理，主次分明。

（3）作品风格要根据目标客户群体制定，必须原创。

（4）C 店设计规格均为 750 像素 ×3000 像素以上。

（5）必须是彩色原稿，能以不同的比例尺寸清晰显示。

图 5-1　茶花随手杯

第一节　详情页策划

一、详情页概述

1.商品详情页的作用

商品详情页是提高转化率的入口，能激发顾客的消费欲望，树立顾客对店铺的信任感，打消顾客的消费疑虑，促使顾客下单。优化商品详情对转化率有提升的作用，但是起决定性作用的还是产品本身。

2. 设计详情页应遵循的前提

商品详情页要与商品主图、商品标题相契合，商品详情页必须真实地介绍商品的属性。

3. 设计前的市场调查

设计商品详情页之前要充分进行市场调查、同行业调查，规避同款。同时也要做好消费者调查，分析购买人群，分析消费者的消费能力、消费的喜好，以及消费者购买商品所在意的问题等。

4. 调查结果及产品分析

根据市场调查结果以及自己的产品进行系统的分析总结，罗列出消费者所在意的问题、同行的优缺点，以及自身产品的定位，挖掘自身与众不同的卖点。

5. 关于商品定位

根据店铺商品以及市场调查确定本店的消费群体。

6. 关于挖掘商品卖点

针对消费群体挖掘出本店的商品卖点：卖价格、卖款式、卖文化、卖感觉、卖服务、卖特色、卖品质、卖人气。

7. 开始准备设计元素

根据对消费者的分析以及自身产品卖点的提炼，根据商品风格的定位，开始准备所用的设计素材。确定详情页所用的文案及商品详情的用色、字体、排版等。最后还要烘托出符合商品特性的氛围，如羽绒服，背景可以采用冬天的冰山效果。

（1）要确立的六大元素：配色、字体、文案、构图、排版、氛围。

（2）常见的商品描述页构成框架：产品价值 + 消费信任 = 下单。

详情页上半部分诉说产品价值，下半部分培养消费者的消费信任感。关于消费信任感不仅可以通过各种证书、品牌认证的图片来树立，使用正确的颜色、字体，还有排版结构，对赢得消费者的信任感也会起到重要的作用。详情页每一个组成部分都有它的价值，都要经过仔细的推敲和设计。

详情页的描述基本遵循以下顺序：①引发兴趣；②激发潜在需求；③赢得消费信任；④替消费者做决定。

特别要注意的是，由于消费者不能真实体验产品，因此商品详情页的作用是打消消费者的顾虑。

详情页遵循以下原则：①文案要运用情感营销引发共鸣；②对于卖点的提炼要简短易记并反复强调和暗示；③运用好 FAB 法则。

有需求才有产品，商家卖的不是商品，卖的是消费者买到商品之后可以得到的价值，满足的需求。商家要让理性的消费者进来，最后感性下单。例如图 5-2 中的两家马克杯的详情页。

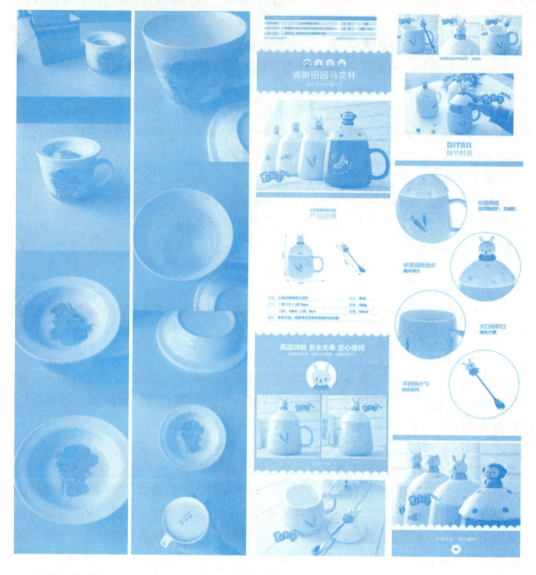

图 5-2　两家马克杯的详情页

二、详情页的尺寸

在详情页中，如果内容屏数过多、详情页过长、图片质量过高，会导致消费者浏览加载过慢，让消费者产生厌烦感，增加消费者的跳失率。因此，对于 PC 端来讲，一屏的高度大约等于 800 像素（屏是指淘宝网用户的平均浏览器大小），优秀详情页的屏数应为 20 屏，也就是高度约为 16000 像素；而宽度，淘宝网规定了 C 店和 B 店宽度分别为 750 像素和 790 像素。

三、详情页的内容模块

商品详情页通常包含宣传广告图、商品的基本信息表、模特图、关联促销、商品卖点、商品整体展示、商品细节展示、商品规格参数、品牌说明、搭配推荐、买家反馈信息、包装展示、购物须知、品牌文化、情感营销图等模块。对于某件商品来说，并不是必须添加所有模块，商家可以根据商品的特点自由选择模块数量，基本上可以分成以下几个模块。

1. 宣传广告图

宣传广告图一般为大图，它是视觉焦点。宣传广告图的背景应采用展示品牌或者产品特色的意境图，可以在第一时间吸引消费者的注意力。以项链为例，某项链的宣传广告图如图 5-3 所示。

图 5-3　某项链宣传广告图

2. 商品的基本信息表

例如，某水杯的基本信息如图 5-4 所示。

图 5-4　某水杯的基本信息表

3. 模特图

模特图的作用是通过效果展示激发消费者的购买欲望。以服装为例，为服装的主推颜色拍摄模特图，如图 5-5 所示。

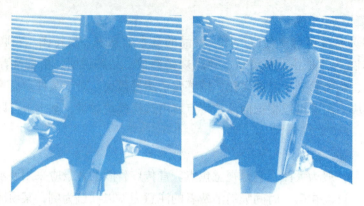

图 5-5　模特图

4. 关联促销

关联促销是指在一个商品详情页里放进另外一个或几个其他产品的促销信息或店铺优惠信息等。对于未能产生购买行为的客户，关联促销可以有效减少客户的跳失率。关联促销主要包含以下两个部分：

（1）热销产品推荐（见图 5-6）。

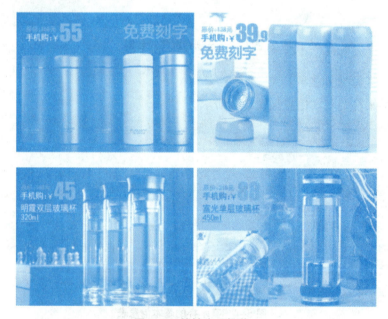

图 5-6　热销产品推荐

在关联里可以推荐几个本店热卖的、性价比高的单品，以 3~4 个为宜，不宜过多。如果客户对本件商品不满意，还可以选择其他商品，减少客户跳失率。

（2）店铺促销活动。例如，收藏店铺优惠券（见图 5-7）、抽奖活动（见图 5-8）、打折活动、满减活动等。

图 5-7　店铺优惠券

图 5-8　抽奖活动

以上两个部分可根据店铺需要来添加，属于选择性添加模块。

5. 商品焦点图

商品焦点图是指展示品牌、产品特色、热销盛况、产品升级、促销信息且能够引发客户购买冲动的图片，通常以海报的形式展示，如图 5-9 所示。

图 5-9　某水杯焦点图

6. 商品整体展示

商品整体展示大体可以分为场景图和摆拍图两种。

场景图就是商品的使用场景、使用效果，让客户了解商品是否适合自己，如图 5-10、图 5-11 所示。

图5-10　某保温杯使用场景图一

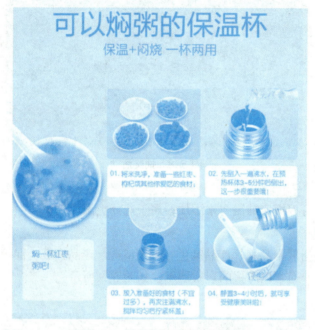

图5-11　某保温杯使用场景图二

摆拍图（见图5-12）以突出商品为主，通过简单的背景对商品进行实拍，比较适合家居用品、数码产品、鞋、包等小件物品。

四、详情页的模块排序

商品详情页中的内容摆放顺序视具体情况而定，并没有统一的标准。例如，我们可以通过需求挖掘、情景再现、直观对比等形式来呈现商品详情页，目的是使商品详情页贴近客户的需求。

图5-12　摆拍图

那么在商品详情页中，怎么合理排序才能促进交易呢？商家应从消费者角度出发，根据消费者的消费心理与浏览习惯，找出其最关注的几个点并不断强化，主次分明地对各个模块进行排序。例如，女装的详情页，模特图、实拍图是重点，而美妆类的详情页，商品功效介绍更重要。以图5-13为例，左图为此商品详情页所包括的主要内容，右图为正确的排序。

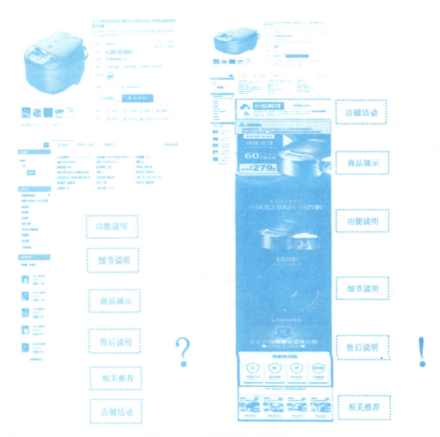

图 5-13　详情页内容排序图

那么，如何进一步地引导消费者进行购买活动呢？

第一步：引发兴趣。

电商界一直流传着"3秒原则"的说法。所谓"3秒原则"，就是消费者在进入详情页后3秒内就可以决定是否喜欢该商品，卖家必须在这3秒内引起消费者的兴趣。所以，详情页的开头应该是视觉的焦点，可以放一些能够展示品牌及产品特色的意境图、热销盛况、产品升级、消费者痛点等，第一时间引发消费者兴趣。

第二步：激发需求。

根据前三屏原则（前三屏决定消费者是否想购买商品），商家必须利用详情页的前三屏激发消费者的潜在购买需求。建议放一些场景图、产品使用效果图等，也可以呈现商品整体部分，以激发消费者的购买欲望。

第三步：产生信任。

通过商品整体展示，激发消费者潜在需求，使其产生感性认识后，接下来就要考虑理性部分了。消费者要细看商品质量好不好，功能全不全，是否适合自己等，所以，商家可以通过商品细节展示、功能展示、参数展示，全面展示商品细节，着重突出商品卖点，逐步获取消费者信任。

第四步：从信赖到占有。

通过前面的细节展示、功能展示、参数展示、卖点展示，相信有不少消费者已经心动了，但是商品的实际情况是否与商家介绍的相符呢？卖同类产品的店铺很多，为什么非要在你的店铺买呢？所以，商家接下来可以通过同类商品对比、品牌介绍、媒体推荐、正品证书、品质证书、消费者反馈信息等，展示品牌实力。

第五步：打消顾虑。

通过上面几步，消费者终于准备购买商品了。此时，商家可通过展示各种售后保障服务，如支持 7 天无理由退换货、邮费说明等免除消费者的后顾之忧；还可以进行搭配推荐，让消费者购买更多的商品，提高成交的客单价。

根据以上步骤，详情页的模块排序建议见表 5-2。

表 5-2　详情页的模块排序建议

成交五部曲	详情页模块
引发兴趣	焦点图
激发需求	场景图、使用效果
	实拍图
产生信任	商品细节展示
	商品规格参数
从信赖到占有	品牌说明
	买家反馈信息
打消顾虑	搭配推荐
	包装展示
	购买须知

课堂讨论

请同学们上网搜索任一商品的详情页，说一说它由哪些模块组成。

第二节 详情页设计与制作

一、详情页的文案编写

一个好的详情页文案可以让消费者立刻了解产品的核心优势，抓住消费者的心，让其产生共鸣。虽然不同产品、不同品牌的描述不一样，但是思路与技巧基本一致。

1. 分析产品价值，提炼精细化文案

分析产品的价值，直接提炼消费者对产品的认知，并用简洁、精细化的文字表达出来，如为什么要购买该产品，买了之后能带来什么，可以解决什么问题，等等。以保温杯为例，保温杯类产品的产品价值就是保温保冷，方案设计如图 5-14 所示。

2. 分析产品自身的优势，提炼文案的精髓

每类产品都有自身的优势，找出产品自身的优势并把挖掘到的优势进行放大、精练，以吸引消费者。图 5-15 展示了某保温杯的四大优势。

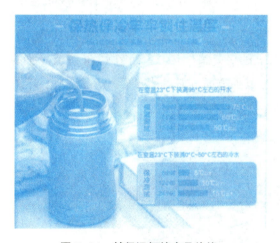

图 5-14 某保温杯的产品价值

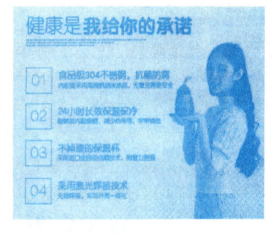

图 5-15 某保温杯的四大优势

3. 分析行业趋势，提升文案吸引力

通过对比竞争对手的详情页文案，更能了解行业趋势，加深文案吸引力。图 5-16 中的保温杯，其价格要比市场上的专柜价低很多。

4. 分析与季节相关的潮流走势，提炼文案要点

例如，夏季产品就应该突出夏季产品清凉、冰爽的特点；冬季产品就应该突出冬季产品保暖、温暖的特点。应认真思考产品能给消费者带来什么利益，然后把利益最大化、最

精细化，直接展现给消费者，让消费者更加了解产品。以防寒袜裤为例，防寒袜裤文案的要点在于抗寒保暖，体现出产品的核心卖点，如图 5-17 所示。

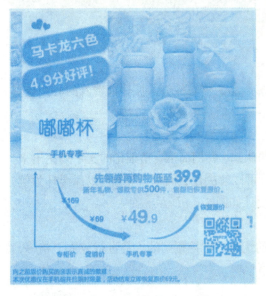

图 5-16　某保温杯的行业趋势

图 5-17　某防寒袜裤的季节潮流走势

5. 通过品牌形象制作文案

如果产品有明星款、代言人，可以通过其品牌形象制作文案，如图 5-18 所示；如果没有品牌形象、明星代言，详情页应该尽量放大其他方面，如促销方案、产品质量、产品价值、产品优势等。

图 5-18　某户外鞋的品牌形象

二、详情页设计

（一）控制图片数量

如果能用 10 张产品模特图全面展示商品就不要用 11 张图去堆砌，商家应该选择最具表现力和最佳角度的图片来展示商品，尽量不要展示一些消费者不关心的局部。

商家心理："模特图好看，一定要多放模特图"；而消费者心理未必是这样（见表5-3）。

表 5-3　消费者对图片的在意事项

消费者心理（顾客心理）	所占比例（％）
图片不是实物照	80
细节图太少了	60
图片的颜色失真，商家也没有对色差进行说明	60
图片太多，网页打不开，找不到需要的内容	45
图片不清晰	35

（二）根据消费者类型设计页面

消费者一般分为刚性需求消费者和潜在需求消费者两大类型，他们对页面信息的需求也是有差异的。

刚性需求类消费者是有明确目的的，具有强烈的购买欲望。商品详情页只要能很好地展示商品真实的性能、标准参数尺码、商品的基础功能、商品成分等信息，即能获得刚性需求类消费者的认可。

潜在需求类消费者没有明确的目的，或许是促销活动，或许是商品可爱，或许是模特漂亮等方面的原因刺激了他们的消费欲望。商品详情页应更多关注卖点、视觉冲击力和促销活动等辅助信息，从而促使这类消费者下单。

（三）挖掘商品卖点

商品详情页是唯一向消费者详细展示商品细节与优势的地方，调查显示，99％的订单是在消费者看过商品详情页后产生的。商品详情页最重要的是展示商品的卖点。要总结商品的卖点，可以从两个方面进行思考：

第一，去竞争商品中找特点和服务；

第二，化身为消费者找需求和不足。

好的卖点要能够引起消费者的场景联想：我穿上是什么感觉？我用了什么感觉？我用了别人怎么看我？商品卖点一定要和自己所经营的商品实际情况相符。淘宝网店商品的主要卖点如图 5-19 所示。以下对部分卖点举例说明。

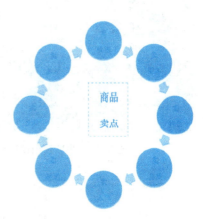

图 5-19　商品卖点集合

111

1. 卖服务

如图 5-20 所示，一家酒店详细介绍了酒店的各项设施，突出展示了酒店可以提供的各项服务，以此吸引消费者预订。

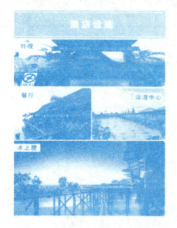
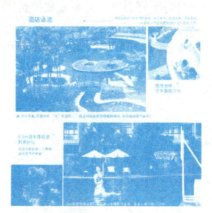

图 5-20　酒店设施及服务

2. 卖品质

如图 5-21 所示，销售一款便捷冰箱的商家详细介绍了小冰箱的各项实用功能。

3. 卖特色

如图 5-22 所示，商家突出了小冰箱的各种特点，给消费者留下了专业的印象。

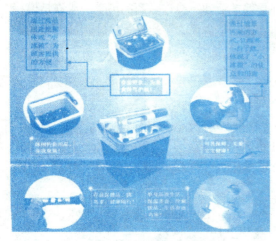
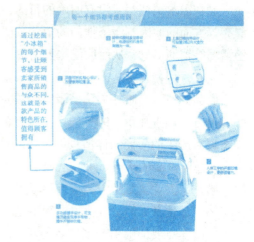

图 5-21　小冰箱用途展示　　　　图 5-22　小冰箱细节展示

4. 卖感觉

如图 5-23~ 图 5-25 所示，商家为消费者营造各种使用场景。

图 5-23　小冰箱车载之用

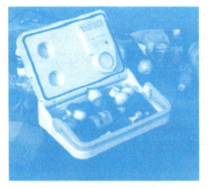

图 5-24　小冰箱方便野餐

图 5-25　小冰箱
存储物品

三、详情页类型

商品详情页有很多种类型，不同类型的详情页有着不同的优势，侧重点也不同。不同的商品做不同的详情页模板，可以更好地展示商品，大大提高转化率。

1.功能型商品详情页

功能型商品的详情页主要体现产品功能，如各类护肤品的使用效果、电器和数码产品的功能介绍等。如图 5-26 所示，美白面膜详情页主要展示面膜的天然成分、美白效果、保湿效果等。

2.符号型商品详情页

对于有特殊意义的商品，可以以商品为载体，传达商品的内在意义，引起消费者共鸣。例如，鲜花，最主要是花的含义——花语，突出花语的价值就是这种商品的独特之处，如图 5-27 所示。

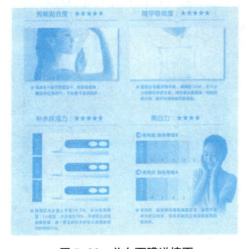

图 5-26　美白面膜详情页

图 5-27　鲜花详情页

3. 感觉型商品详情页

感觉型商品的详情页主要给消费者身临其境的感觉。例如，商品是沙滩长裙，在详情页展示模特在海滩上穿着沙滩长裙，海风吹过，裙摆飘荡，带消费者进入海边度假的意境，如图 5-28 所示。

4. 服务型商品详情页

服务型商品如免费送货上门、免费安装、各种有保障的售后服务等，如图 5-29 所示。虽然这些服务不计入商品价值当中，但是这些服务却深受消费者喜爱。

图 5-28　沙滩裙详情页

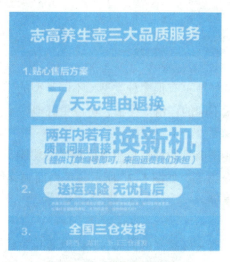

图 5-29　养生壶详情页

5. 附加价值商品详情页

在详情页上可以展示专属老顾客的服务通道及专属的优惠价，新顾客也应有相应的礼品，通过附加价值提高店铺销量和顾客忠诚度，如图 5-30 所示。

四、制作详情页

（一）制作分隔条

1. 制作背景

（1）打开 Photoshop 软件，新建 714 像素 × 35 像素的工作画布。

（2）绘制四边形。在白色工作区内，利用"钢笔工具"绘制小四边形，填充颜色为"#da251c"。

图 5-30　某品牌化妆品详情页

同时，利用"钢笔工具"绘制右边的长四边形，并描边为灰色，如图 5-31 所示。

图 5-31　绘制分隔条背景

2. 加工素材

利用办公类的商品代表"订书针"来连接左右两边的四边形。打开"直线工具"，粗细设为"4"，颜色为"#aaa2a1"，设置投影和内阴影参数，如图 5-32 所示。

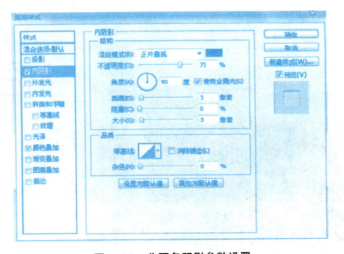

图 5-32　分隔条阴影参数设置

完成后效果如图 5-33 所示。

图 5-33　分隔条背景效果

3. 添加特效文字

输入分隔条文字"宝贝参数 BAOBEICANSHU"，文字的字体为"微软雅黑"，颜色为"#ffffff"，并加入"乐享办公用品旗舰店"的 Logo，具体效果如图 5-34 所示。

图 5-34　分隔条效果图

（二）制作海报情景展示图

海报设计中的图形创意能够给人以抽象、简洁、富有视觉冲击力的直观感受。好的创意思维能够抓住受众的视线，并让受众感受其设计主题和思想内涵。通过创设情境，从而激发消费者的购买欲。海报设计与制作将在第六章进行详细讲解，下面仅以"订书机"海报为例进行简单讲解。

1. 制作背景

（1）新建714像素×300像素的画布，填充颜色为"#037ebd"，并打开素材图片。

（2）利用"钢笔工具"绘制不规则三角形，填充颜色为"#037ebd"；选择"移动工具"，按住Alt键进行拖动复制三角形，将不透明度调整为"76%"，如图5-35所示。

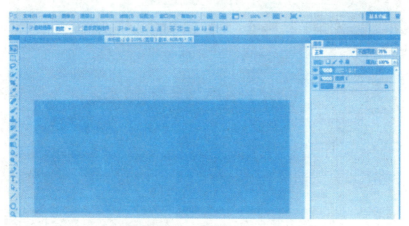

图5-35　绘制两个三角形

（3）复制两个三角形，通过Ctrl+T快捷键进入自由变换，将三角形拖拽为等腰三角形，颜色值改为"#0f75a9"，如图5-36所示。

图5-36　背景效果

2. 添加文字特效

为了引起消费者注意，达到更好的促销效果，加上文字"买了还买的精品""积累消费返现"。

（1）输入第一排文字"买了还买的精品"，字体为"微软雅黑"，字号为"32"，颜色为"白色"，具体设置如图5-37所示。

（2）输入第二排文字"积累消费返现"，字体为"微软雅黑"，字号为"50"，颜色为"白色"，具体设置如图5-38所示。

（3）新建图层，单击"矩形选框工具"按钮，在文字上方绘制小矩形，填充颜色为"#ffbb39"，输入红色文字"12.12"、黑色文字"年终狂欢""HOT SALE"，效果如图5-39所示。

图 5-37 第一排文字参数设置　　　　图 5-38 第二排文字参数设置

图 5-39 文字效果

（4）单击"圆角矩形工具"绘制矩形按钮，填充颜色为"#d65f08"，输入文字"点击抢购"，如图 5-40 所示，字体为"微软雅黑"，字号为"14"，颜色为白色。

3. 素材加工

导入图片素材，执行"图像"—"调整"—"曲线"命令（Ctrl+M 快捷键）调整图片色彩，执行"滤镜"—"锐化"命令加深图片的清晰度，最终效果如图 5-41 所示。

图 5-40 "点击抢购"按钮　　　图 5-41 情景海报图

（三）制作商品细节图

商品细节图主要展示商品的每一个细节，让消费者对商品有一个详细的了解。在制作细节图之前，先以消费者的身份去分析商品的特点和卖点。现以"乐享办公用品旗舰店"的订书机为例进行讲解。

1. 背景制作

（1）新建 714 像素 ×1000 像素的画布，填充颜色为"#efefef"，整个画面将分成 5 个部分，每一个部分展示商品一个方面的特点。

（2）单击"矩形选框工具"，绘制 300 像素 ×3 像素的矩形，填充颜色为"#dad7d7"，按住 Alt 键复制矩形，排列效果如图 5-42 所示。

图 5-42　绘制矩形

（3）打开"画笔工具"，笔头选择柔性，粗细为"300"，颜色为"#efefef"，对底纹细条进行修饰，修饰完毕后将线条底纹的透明度设为"30％"，具体效果如图 5-43 所示。

图 5-43　修饰线条

（4）为了使布局更清晰，左边用条纹做底，右边用渐变的扇形做底。新建图层，绘制圆形选区，填充颜色为由"#e5e4e4"到"#eeeded"的线性渐变，效果如图 5-44 所示。

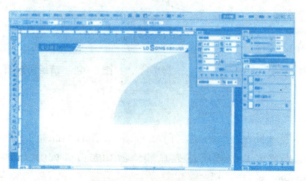

图 5-44　扇形底纹效果

（5）将条纹和扇形底纹复制和排列，最终效果如图5-45所示。

2. 添加文字特效

（1）在扇形区域内输入文字"把托符合人体工学设计"和"BATUOFUHERENTI GONGXUESHEJI"，字体颜色为"#da251c"，字体为"微软雅黑"，字号为"28"和"10"，样式为"regular"，效果如图5-46所示。

图5-45 背景效果   图5-46 编辑文字

（2）添加商品图形元素"钉帽"。新建图层，绘制椭圆选区，填充颜色为"#0c51c3"。添加图层样式，添加浮雕和内阴影效果，参数设置如图5-47所示。

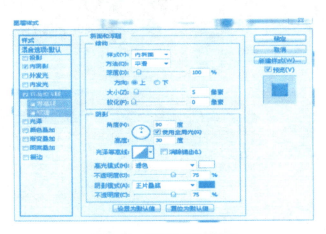

图5-47 图层样式参数设置

（3）添加特性描述文字，最终效果如图5-48所示。

3. 素材加工

打开素材存放的文件夹，将其中的各种订书机图片导入画面中，最终效果如图5-49所示。

（四）制作星级评价

为了赢得消费者更多的信任，可以添加以往消费者的评价内容。具体的操作不再详细介绍，效果如图 5-50 所示。

（五）制作温馨提示模块

为了打消消费者的担心和顾虑，可以将邮费情况、联系我们、购物流程、我们承诺等内容进行详细展示，效果如图 5-51 所示。

图 5-48　文字效果

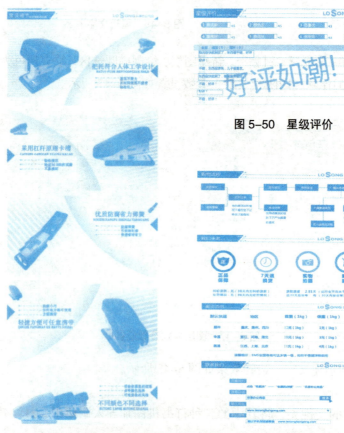

图 5-49　订书机细节效果图　　　图 5-50　星级评价

图 5-51　温馨提示模块

第三节　详情页上传

一、详情页切图

详情页设计完成后就要上传到商品详情页。我们经常发现有些店铺由于详情页图片过大而加载时间很长，很多消费者会因为失去耐心而跳出页面。一般来说，做好的详情页都很长，对于这些宽度为 750 像素、高度超过 7000 像素的图片，在一般的网速下，如果不加载 5 分钟都看不到图片。所以，必须对做好的详情页进行切片上传。淘宝网官方建议详情页图片不宜超过 25 张，宽度与高度分别控制在 750 像素与 1500 像素，而且单张图片大小不宜超过 300K。

另外，由于网速太慢会出现切割的图片间被断开，所以在切割时还要尽可能把每一张切片切割成一个完整的图片。

二、切片工具

Photoshop 的"切片工具"（见图 5-52）可以根据需求截出图片中的任何一部分，同时一张图上可以切多个地方。Photoshop 的切片在"另存为"的时候就能将所切的各个部分分别保存为一张图片。

图 5-52　切片工具

"切片工具"的作用：可以在不改变图片尺寸的前提下缩小图片的大小，使网页在相同的网速下加载速度更快；还可以对每张切片加上链接，省去了 Dreamweaver 软件的应用。

保存切片：执行"文件"—"存储为 WEB 和设备所用格式"命令。若只需要代码文件，存储格式选择"仅限 HTML"；若两者都需要，选择"HTML 和图像"。

实训

详情页设计

1.实训目的

了解详情页的设计方法及步骤，为"阿靓爱好"文体店中的圆珠笔设计一份详情页。

2. 实训准备

（1）组队：4~6人一组，并选出一名组长，由组长分配好组员的工作。

（2）素材：商品图片若干。

3. 实训任务

完成圆珠笔详情页的设计，配色有吸引力，排版合理，突出产品的卖点，能激发消费者的消费欲望。设计规格：宽度为 750 像素，高度必须大于 7000 像素。

4. 实训步骤

（1）分析产品特点，通过淘宝指数定位产品，得出客户群肖像。

（2）撰写详情页策划书。

（3）确定详情页字体、配色、风格。

（4）收集详情页素材。

（5）用 Photoshop 制作详情页。

（6）对详情页进行切片。

（7）将详情页上传发布。

5. 任务实施

（1）分析产品特点。

（2）确定客户群肖像。

地域	性别	消费层级	买家等级	年龄	身份推测

（3）确定配色。

主色	
辅色	

（4）确定字体。

（5）确定风格。

（6）收集素材。

（7）用 Photoshop 制作详情页。

（8）进行切片。

（9）添加描述到详情页中。

 知识回顾

通过本章的学习，认识了商品详情页的作用，能够规划商品详情页的内容。商品详情页的设计应该紧紧围绕如何吸引顾客并促成购买活动的完成，同时在制作商品详情页的过程中还需要注意细节描述，不能出现错误。

课后练习

制作一幅详情页中的商品特点的图片效果，参考效果如图5-53所示。

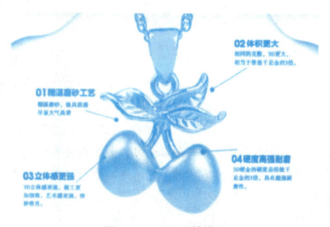

图5-53 吊坠详情描述

拓展阅读

高转化商品详情页设计的原则

大家都知道商品详情页是影响转化的重要因素，想要利用详情页提高转化，详情页的设计就必须符合顾客的需求，所以要学会给店铺的顾客做定位，学会去分析顾客的心理。这比起闭门造车只按照自己的思维去设计效果要好得多。

就算把商品详情页设计得再漂亮，再有风格，若吸引不了目标人群，产生不了高的转化，也是枉然的。所以想要设计好商品详情页，不仅要美观，要有风格，更重要的是符合逻辑，符合顾客的需求。那么，高转化详情页要遵循哪些原则呢？

原则一：首屏聚焦

很简单，如果顾客看到喜欢的商品单击，首先进入的是商品详情页。顾客在看详情页时也会看到店铺的装修，所以店铺的装修也要做好。将首屏聚焦原则应用在详情页上。许多商家会在详情页的首屏放入商品的海报或者是一些优惠券，加入海报的作用在于提高顾客的访问深度，加入优惠券则是有利于促进转化。因此对于商品详情页的首屏不管放什么

东西都要吸引到顾客，并且让顾客很久都不离开你的店铺，那么首屏就算成功了。当然不同的设计师会有不同的想法。

原则二：产品的价值提炼

很多人刚开始做淘宝时都以为低价就会有很多顾客购买产品，其实不然，要知道在淘宝里面没有最低价，只有更低价，甚至有人为了推广亏本去做。想要长久发展，打价格战不是明智之举。大家也都想让自己的产品卖出更高价，这就需要我们在详情页里面描述清楚，向顾客证明这个产品是值这个价钱的，这样顾客就不会因为别的产品便宜而去购买其他产品。

那么怎样塑造产品的价值呢？可以从产品的基本点出发，如产品的材质、款式、产地、服务、卖点等，当然这些都要建立在产品的基础之上，不能过分夸大，不然就会出现源源不断的售后问题。

原则三：附带场景直击痛点

很多商品详情页的转化不够好的原因就出现在这里。产品是因消费者有什么需要才会迫切购买呢？这个问题很重要。利用好这一点，能让产品在购买力度上翻几倍。举个例子，比如台灯，为什么要买台灯呢？是因为台灯省电吗？是因为台灯好看吗？很多时候都不是，使用台灯的人很多时候都是为了熬夜加班或者学习，为了避免影响到他人睡觉，才选择使用台灯，这是最符合顾客选择台灯的需求的。凭着这点直击顾客的痛点需要，展开场景描述，这样高转化详情页不就诞生了吗？

原则四：强调卖点

卖点是什么？是商品最具有竞争力的一个点。卖点的强化渲染，无疑是高转化详情页必要的手段之一。不同的顾客定位、不同的产品定位也有不同的卖点，如做低价产品的店铺，很多顾客都是冲着便宜来的，那打出一个全网最低价的口号，转化率肯定会提高；再如顾客是冲着产品的功能来的，就说产品能够全面解决顾客的问题，转化率也会得到提高。所以做卖点一定要直击顾客内心所需。

想要设计高转化的商品详情页，在做设计时一定要遵循上面的四个原则，剩下的就是一些布局排版的问题，大家在设计商品详情页时不妨去细想一下。

第六章
海报的设计与制作

【知识目标】

1. 了解网店海报设计的基础理论知识。

2. 掌握网店海报设计的创作方法。

【技能目标】

1. 掌握网店海报设计的设计流程。

2. 能够独立完成网店海报设计。

3. 具备撰写海报文案的能力。

【知识导图】

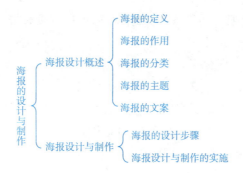

情境导入

在网店装修中，店铺海报占据重要的位置，它可以让商品信息更加一目了然，能个性化地展示店铺，店铺单击后可快速进入主推单品，便于将主推商品展示给消费者。很多商家都喜欢采用全屏轮播的方式，全屏轮播显得店铺整体上很大气且容易突出店铺风格，让人觉得很舒服。海报的设计讲究号召力和感染力，文案应简洁鲜明，以引起消费者共鸣。

基于新品上新的需要，设计部主管华昊发出一份任务单（见表6-1），要求制作茶花随手杯的网店首页海报一张。

表6-1　任务单

任务指派人	华昊	发出日期			10.8	
		完成日期			10.20	
任务名称	茶花随手杯的网店首页海报制作					
任务要求	有明确细文档（见表6-1下方）列明要求 ☑					
	其他：					
任务用途	首页	☐	主题独立页	☐	官方承接页	☐
	主图	☐	直通车图	☐	钻展图	☐
	详情基础优化	☐	详情深度优化	☐	商品运营策划	☐
	官方引流图	☐	主题广告图	☐	新品上新	☑
	常规活动营销策划	☐	主题活动策划	☐	大型活动策划	☐
	其他：					
自我检查			确认签名：			
组长检查			确认签名：			
验收人	按要求完成：是　　否		确认签名：			

明确细文档：

上新品，为茶花随手杯（见图6-1）制作一张网店首页海报。

具体要求：

（1）设计主题突出，寓意深刻。

（2）表现简约大气，设计感强，有吸引力。

（3）作品风格要与网店首页背景颜色一致。

（4）设计规格为950像素×450像素，jpg格式。

（5）必须是彩色原稿，能以不同的比例尺寸清晰显示。

图6-1　茶花随手杯

第一节　海报设计概述

一、海报的定义

海报这一名称最早起源于上海。旧时，海报是用于戏剧、电影等演出或球赛等活动的招贴。上海人通常把职业性的戏剧演出称为"海"，而把从事职业性戏剧的表演称为"下海"。后来，人们将公布剧目演出信息，用于宣传并招徕顾客的张贴物称为"海报"。

海报按其应用不同，大致可以分为商业海报、文化海报、电影海报、人文社科海报、

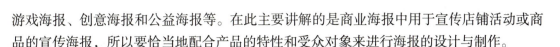

游戏海报、创意海报和公益海报等。在此主要讲解的是商业海报中用于宣传店铺活动或商品的宣传海报，所以要恰当地配合产品的特性和受众对象来进行海报的设计与制作。

海报设计是视觉传达的表现形式之一，通过版面的构成在第一时间将人们的目光吸引住，并使人们获得瞬间的刺激。这就要求设计者将图片、文字、色彩、空间等要素进行完美的结合，以恰当的形式向人们展示宣传信息。

二、海报的作用

网店宣传海报的作用是准确表达信息、树立商品品牌形象、吸引顾客、增加点击量、增加店铺流量，从而促进顾客消费。

三、海报的分类

生活中，我们经常见到的街边海报可大可小，可根据需求规定其尺寸，比较随意。在网店中，海报的尺寸有一定的规范。根据海报呈现的位置不同，通常分为首页全屏海报、自定义页面普通海报、商品详情页中的海报。

1. 首页全屏海报

宽：1440 像素 /11680 像素 /11920 像素（越大越兼容）。

高：300~700 像素（仅建议）。

淘宝网店铺首页黄金位置第一屏海报也称首焦图，可以轮播形式循环播放。为满足顾客体验需求，最好设宽度为 1920 像素，这样基本上所有的显示器都可以完全铺满。但是，主要海报信息应在 1280 像素或 950 像素之内，这样就可以保证设计的主要内容在小屏幕显示器上也能显示完整。首页全屏海报如图 6-2 所示。

2. 自定义页面普通海报

宽：C 店 950 像素（B 店 990 像素）。

高：400 ~ 600 像素（仅建议）。

图 6-2 首页全屏海报

自定义页面普通海报如图 6-3 所示。

图 6-3　自定义页面普通海报

3. 商品详情页中的海报

宽：C 店 750 像素（B 店 790 像素）。

高：200 ~ 400 像素（仅建议）。

商品详情页中的海报如图 6-4 所示。

图 6-4　商品详情页中的海报

四、海报的主题

海报的用途或所要表达的内容统称为海报主题。海报主题主要分为以下几种。

1. 店铺宣传

店铺宣传海报是指以宣传店铺品牌为主的海报设计，旨在提升店铺形象、优化店铺结构等，如图 6-5 所示。

2. 商品宣传

商品宣传海报指的是以某件或多件商品为主的海报设计，又可分为新品型海报、热卖型海报、促销型海报，如图 6-6 所示。

图6-5　店铺宣传海报

图6-6　商品宣传海报

3.品牌宣传

品牌宣传海报旨在宣传品牌，提升品牌形象，如图6-7所示。

图6-7　品牌宣传海报

4.会员宣传

会员宣传海报主要用于会员换购、会员日等，如图6-8所示。

图6-8　会员宣传海报

五、海报的文案

海报的文案设计过程一般要经过以下四个层级：

（1）战略层：我们的战略是什么？

（2）感受层：为了实施这样的战略，我们需要让消费者产生什么感受？

（3）内容层：为了让消费者产生这样的感受，我们需要创造什么内容？

（4）表达层：这样的内容如何用合适的词汇、语句表达出来？

下面以某手机海报（见图6-9）为例来解释海报文案设计的四个层级：

图6-9 小米手机海报

（1）战略层：小米手机稳固已有的手机市场，扩大市场份额，推出全网通手机。

（2）感受层：比如电信用户，但其喜欢的手机不支持电信网络。

（3）内容层：同时支持移动、联通、电信4G网络。

（4）表达层：全网通。

从战略层到表达层，一步一步推导出最能打动用户的、足够简单直接的文案。

海报中的文案可分为主标题、副标题、正文三部分，但不是必须包含这三部分，不过主标题必须有。

主标题：也就是文案的设计，最能吸引消费者的眼球，可列出商品的一级卖点，如某手机海报文案中的"全网通"。

副标题：商品的二级卖点，辅助或描述一级卖点，可以有两到三个，如某手机海报文案中的"同时支持移动、联通、电信4G网络"。

正文：商品的属性、优点、卖点，动之以情、晓之以理地打动消费者，让消费者产生进一步了解和购买的欲望，如某手机海报文案中的品牌、新品、开售时间。

挖掘卖点是一个去繁从简的过程，方法很简单，应直接、简单、明了地说出最重要的要素。

课堂练习

通过对本节的分析及海报文案撰写的学习，制订海报文案撰写计划如下：

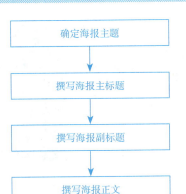

设计方案

一、确定海报主题

此次任务是为茶花随手杯设计一幅海报，根据海报主题的分类，我们可以选择新品上市主题。

二、撰写海报文案

根据海报文案设计过程的四个层级分析得出：

（1）战略层：新店开张，推出新品，让消费者记住店铺。

（2）感受层：针对这款水杯，挖掘消费者的痛点——外出时水杯放包中会漏水、塑料材质的食品安全卫生问题。

（3）内容层：随手杯的密封圈设计，安全无侧漏，玻璃材质安全无毒。

（4）表达层：倒立不漏。

最终确定海报文案的主标题为"倒立不漏"，副标题为"无铅玻璃—硅胶防烫"。

方案实施

一、新建图像

打开Photoshop软件，新建一个950像素×450像素的文档，文件名称为"随手杯海报"，如图6-10所示。

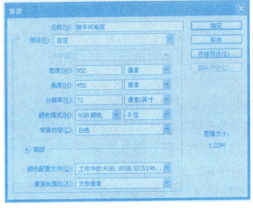

图6-10 新建图像

二、输入海报文案

单击"文字工具",选择字体为"微软雅黑",字号为"60点",输入主标题"倒立不漏",保存;再输入副标题"无铅玻璃,硅胶防烫",保存。如图 6-11 所示。

三、保存图像

把文件保存到海报文件夹中。

图 6-11　海报文案

第二节　海报设计与制作

一、海报的设计步骤

海报的设计先要明确海报的目的和目标受众,知道消费者接受的呈现方式是怎样的,了解同行业中同类商品的海报设计,之后再确定海报的体现策略、创意点、表现手法等,最后确定海报如何与产品结合,如图 6-12 所示。

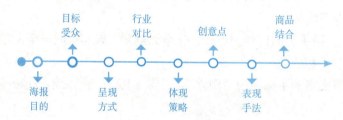

图 6-12　海报的设计步骤

明确了海报的设计步骤后,在进行设计的时候还需要注意以下几点。

(一)明确主题

海报的主题需要有个性和独到之处,不然海报会被淹没在信息的海洋中。有时,主题中的信息个性来自该商品不同于其他商品的独特之处,尽管这一特色可能对消费者来说并非是最重要的,但它能让消费者产生额外的价值感。有时,主题中的信息个性并不一定是本品牌所独有的,可能是其他同类商品中没有这类信息,或者说其他同类商品并未以此类信息作为主题,首先使用这一主题就可在消费者心目中树立起独具特色的印象。要想海报发挥有力的促销作用,必须指向明确,主题集中,如图 6-13 所示。

图 6-13　明确主题

（二）文本设计

突出重点文字：通过字体、字号、加粗、颜色等设计让重点文字突出。

（三）符合阅读的习惯

消费者在浏览网页时，习惯从上到下、从左到右进行阅读。海报的上方比下方更能吸引消费者的注意力，其左侧比右侧更能吸引消费者的注意力。

（四）视觉设计有冲击力

要设计具有视觉冲击力的海报，必须把握体现策略。体现策略主要是展示海报的广告宣传功能。体现策略包含生活信息策略、塑造企业形象策略、象征策略、承诺式策略、推荐式策略、比较性策略、打击伪冒策略等。

（五）色彩搭配合理

颜色可大致分为三类：暖色、冷色、中性色。暖色包括红色、橙色、黄色等；冷色有青色、蓝色、紫色、白色等；黄色、绿色等介于两者之间，属中性色，具体内容在第二章我们已经学习了。

（六）产品数量适宜，构图合理

宣传海报中的商品数量不宜太多，选择具有代表性的主打商品即可，并且进行合理排版。网店海报通常采用"图片＋价格＋名称＋促销"的表现手法，常见的构图版式有以下几种。

1. 左图右文

字体上粗下细，上下主次分明，形成对比，文案的排版显得稳重，如图 6-14 所示。

图 6-14 左图右文构图

2. 右图左文

字体上粗下细，字号上大下小，促销打折区域的内容精练，如图 6-15 所示。

图 6-15 右图左文构图

3. 多栏分布（两边图中间文字）

利用近景、远景的摄影图像产生对比和呼应效果，常见于模特海报，如图 6-16 所示。

图 6-16　多栏分布构图

4. 展示多种产品

产品平行排版，中间利用半透明图形框展示文案，如图 6-17 所示。

图 6-17　多产品展示构图

5. 斜切式构图

斜切式构图会让画面显得时尚、动感，但在设计时需要注意画面的平衡控制。一般文案的倾斜度不大于 30°，文字向右上方倾斜是便于阅读的，如图 6-18 所示。

图 6-18　斜切式构图

（七）信息量适度

海报中的要素信息包括背景、文案、产品信息、主标题、副标题、附加内容等。在设计海报时要注意，信息量适度，不宜过多，争取让消费者在 3 秒内读完所有内容。

（八）留白合理

海报中适当的留白可以让海报显得更加高端、大气。此外，留白还有以下几个作用：

（1）符合人的阅读习惯。

（2）加强虚实对比，营造空间感，突出主题。

（3）增加画面意境，突出气氛，传递精神情感。

**课堂讨论**

1. 请对比分析图 6-19 两幅海报，从产品和信息数量上来分析哪一幅海报更好。

图 6-19　分析两张海报的信息量

2. 分析图 6-20 的海报特征（产品类别、主色调、构图方式、产品呈现方法）。

图 6-20　海报示例

二、海报设计与制作的实施

（一）素材选择

根据拍摄的商品照片寻找自己想要的素材。当然，前提是自己脑海中要有一定的画面感，明确海报要表达什么内容。

例如，海报主题是迎中秋，那就要联想到与中秋节有关的关键词（月亮、玉兔、孔明灯、夜空、灯笼、树、云层等），再根据关键词去寻找自己想要的素材。

（二）海报的排版制作

1. 新建文件

新建 950 像素 ×650 像素、分辨率为 72 像素／英寸、背景内容为白色的文件。

2. 设置海报背景

使用"钢笔工具"绘制背景形状,使用"渐变工具"设置背景色,背景色分别为橙白渐变(#ff6c00~#ffffff)和红白蓝渐变(#f68080>#ffffff>#079fbf),如图 6-21 所示。新建图层,使用"矩形工具"创建背景条纹,填充为白色,设置图层透明度为"20%",如图 6-22 所示。

图 6-21　绘制渐变背景

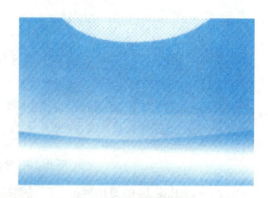

图 6-22　添加背景条纹

3. 添加修饰图像

将"卡通人物"图片添加到背景中,然后新建图层,使用"椭圆工具" 绘制图形,并填充颜色为白色,如图 6-23 所示。

4. 新建图层

使用"横排文字蒙版"工具 ,添加标题文字"乐享办公季",字体为"微软雅黑",字号为"60"。在"路径"面板中单击 并将其转换为路径,然后使用"钢笔工具"编辑形状文字,最后将路径转为选区,填充字体颜色为蓝色(#009cbd)并添加描边和投影的图层样式,效果如图 6-24 所示。

图 6-23　导入卡通人物

(三)合成海报各元素

合成海报各元素的操作步骤如下。

1. 添加商品图

新建两个图层,使用"椭圆工具"绘制两

图 6-24　海报效果

个同心圆,并分别为其填充颜色为白色和橙色(#ff6c00)。然后新建图层,使用"钢笔工具"绘制星形图形,填充颜色为"#ff8d39",使用"矩形工具"和五角星图形添加修饰的黑色矩形和星形，填充为黑色。添加促销文本"new"和"新品发布"，字体为方正仿宋，字号分别为"30"和"12"，效果如图6-25所示。将"文具1.jpg"和"文具2.jpg"导入到图像文件中，如图6-26所示。

图 6-25　绘制图形

图 6-26　导入文具图片

图 6-27　添加文字

2. 添加装饰文案

新建图层，使用"钢笔工具"绘制图形，并为图层设置投影样式。新建图层，使用"钢笔工具"绘制路径，然后使用"文字工具"，添加路径文字"文件办公、财务办公"等，字体为"仿宋"，字号为"14"，颜色为"黑色"，效果如图6-27所示。

3. 设置促销文案

促销文案设计要语言精练，有吸引力，色彩鲜明。新建图层，使用"椭圆工具"绘制钟表图形，然后使用"文字工具"添加大标题文本"限时打折抢购""耗材1元秒杀""积累消费返现"（微软雅黑，18号，白色），添加小标题文本"便利贴订书机""剩余时间""满100元返现金5元"（微软雅黑，14号，白色），如图6-28所示。

图 6-28　添加广告语

最终效果如图6-29所示。

4. 海报的排版

海报的排版就是对海报文案、图片、色彩等要素进行创造性的组织安排，使其具有独立的创意和审美价值。海报排版有四个原则：亲密、对齐、重复、对比。

（1）亲密。

亲密原则就是将相关的信息分在一组，物理位置的接近意味着它们存在关联。

图6-29　海报最终效果

如果一张海报上有太多孤立的元素或者一有空白就填补各类元素，就会显得杂乱无章（见图6-30）。亲密性组合（见图6-31）就好比写作文要分自然段一样，将相关的信息分在一组，会使整个画面富有条理性。但是要避免在元素之间留出相同大小的空白，那样会显得没有层次。

图6-30　杂乱无章的排版

图6-31　亲密组合排版

（2）对齐。

任何元素都不能在页面上随意安放，每一项都应当与页面上的某个内容存在某种视觉联系。对齐原则就是要找一条明确的对齐线，并坚持以它为基准，使依附于它的元素建立起除亲密以外的秩序。对齐主要有左对齐、居中对齐、右对齐。但是要避免在同一画面上混合使用多种文本对齐方式，也要尽量避免居中对齐，那样虽然会使画面显得正式，但也更乏味。

图6-32　对齐排版

如图6-32所示，其在页面左侧利用辅助线将所有文案左对齐，给人稳重、力量、统一、工整的感觉，使得画面稳定，内容具有连续性。

（3）重复。

设计中的某些方面需要在整个作品中重复。重复不仅对单页的作品很有用，对于多页文档或一套设计作品更为重要，通常称之

图 6-33 重复排版

为"一致性"。但要避免过多的重复一个元素，重复太多会让人生厌。

重复有颜色重复出现、高度 / 宽度重复出现、元素间距重复出现等表现形式。

如图 6-33 所示，将文案字体全部用微软雅黑，大小和位置没有改，只是去掉了花花绿绿的视觉元素（字体颜色），按照重复的原则进行编排。

（4）对比。

对比要强烈才有效。如果两个元素不完全相同，就应当使它们不同，而且应当截然不同。

图 6-34 对比排版

有重复就一定有对比，如果说重复是基调，那么对比就是焦点。对比的排版技巧可以有效增强画面的视觉效果。对比原则包含的内容很多，如大字体与小字体、粗线条与细线条、冷色与暖色、平滑与粗糙、长宽与高窄、虚与实等。

如图 6-34 所示，将文案中最重点的语句运用颜色对比和大小对比加以强调和区分。

知识链接

淘宝知识产权声明

淘宝拥有淘宝平台网站内所有信息内容（除淘宝平台会员发布的商品信息外）的版权。

任何未授权的浏览、复制、打印和传播属于淘宝平台网站内的信息内容都不得用于商业目的且所有信息内容及其任何部分的使用都必须包括此版权声明。

淘宝平台所有的产品、技术和程序均属于淘宝知识产权。淘宝网以及淘宝其他产品服务名称及相关图形、标识等为淘宝 / 阿里巴巴集团的注册商标。未经淘宝 / 阿里巴巴集团许可，任何人不得擅自（包括但不限于以非法的方式复制、传播、展示、镜像、上传、下载）使用，否则，淘宝 / 阿里巴巴集团将依法追究法律责任。

课堂练习

确定好海报文案后，根据海报的制作顺序制订以下计划：

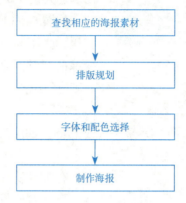

设计方案

一、海报主题

表现倒立不漏：倒扣的水杯。

表现清爽透心凉：柠檬、水花、薄荷、冰块。

二、确定字体和配色

字体：微软雅黑。

配色：淡绿和橙色。

三、版面设计

版面设计图如图 6-35 所示。

图 6-35　版面设计

方案实施

一、素材收集

根据设计决策，选择商品拍摄图（见图 6-36）；上网收集素材图片，如图 6-37~图 6-40 所示。

图 6-36 商品拍摄图

图 6-37 素材图 1

图 6-38 素材图 2

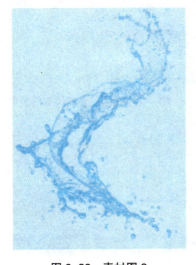

图 6-39 素材图 3

图 6-40 素材图 4

二、打开文档

调出之前完成的海报文案，如图 6-41 所示。

图 6-41 海报文案

三、添加素材

隐藏文案图层，将素材拖动到图像上，调整到适合的位置，适当变形调整大小，效果如图 6-42 所示。

四、文字排版配色

把文案层显示出来，调整位置，左对齐，调整行间距；突出"倒立不漏"，使用橙色；"无铅玻璃，硅胶防烫"使用绿色；正文部分使用灰色。效果如图 6-43 所示。

图 6-42　添加素材的海报效果

图 6-43　文字排版配色后的海报效果

五、保存文档

把文件保存到海报文件夹中。

 实训

海报设计

1.实训目的

了解海报制作的设计方法及步骤，为"阿靓爱好"文体店设计一张店铺宣传海报。

2.实训准备

（1）组队：4～6 人一组，并选出一名组长，由组长分配好组员的工作。

（2）素材：商品图片若干。

3.实训任务

请从海报主题、背景、配色、字体、版面布局等方面入手，为"阿靓爱好"文体店设计一张店铺宣传海报，主题自拟，设计规格为 950 像素 ×450 像素。

4.实训步骤

（1）确定海报主题。

（2）撰写海报文案。

（3）构思海报关键词。

（4）查找海报素材。

（5）确定字体、配色方案。

（6）进行版面排版设计。

（7）用 Photoshop 制作海报。

（8）用自定义模块把海报添加到店铺。

5. 任务实施

（1）海报主题。

（2）海报文案。

主标题	
副标题	
正文	

（3）构思海报关键词。

（4）收集海报素材。

（5）确定字体。

（6）确定配色。

主色	
辅色	

（7）进行版面设计。

（8）用 Photoshop 制作海报。

（9）添加海报到店铺。

知识回顾

　　海报设计是视觉传达的表现形式之一，通过版面的构成在第一时间将人们的目光吸引过来并获得瞬间刺激，这要求设计者将图片、文字、色彩、空间等要素进行完美的结合，以恰当的形式向人们展示宣传信息。

　　根据海报呈现的位置不同，海报通常分为首页全屏海报、自定义页面普通海报、商品详情页中的海报，各种海报也有相应的尺寸。

　　海报主题主要有店铺宣传、商品宣传、品牌宣传、会员宣传等。

　　海报的文案设计过程一般要经过四个层级：①战略层；②感受层；③内容层；④表达层。

　　海报中的文案可分为主标题、副标题、正文三部分，但不是必须包含这三部分，但是主标题必须有。

　　海报的排版就是对海报文案、图片、色彩等要素进行创造性的组织安排，使其具有独

立的创意和审美价值。海报排版有四个原则：亲密、对齐、重复、对比。

课后练习

1. 通过对本章的学习，请你为自己的店铺设计 3 张首页海报，主题、尺寸自定。

2. 简述海报的定义、分类及作用。

3. 海报的设计要领是什么？

拓展阅读

几种经典广告创意法

1. 固有刺激法

强调发掘产品本身的戏剧性、固有的刺激、产品与消费者的相互作用，广告创意的任务是将其发掘并重加利用。

2. USP 法

USP 的英文全称是 Unique Selling Proposition，中文意思是独特的产品销售，这种广告方法就是依靠产品的独特卖点进行宣传。

3. 品牌形象法

广告最主要的目标是塑造品牌服务。任何广告都是对品牌形象的长期投资。随着同类产品差异性渐小，品牌间同质性渐大，消费者的理性减小，因此，描绘品牌的形象比强调产品具体功能更重要。消费者的购买追求是"物质（实质）利益＋心理利益"，而不只是产品本身，广告应重视运用形象来满足消费者的心理需求。

4. 实施重心法

抓住核心问题，将其变成一个图像刺激和诚实可信的优点。创意不是夸大或虚饰，要使广告信息单纯化、清晰化、戏剧化，给消费者留下深刻印象。

5. 定位法

为处于竞争中的产品树立一些便于记忆、新颖别致的东西，从而使之在消费者心中站稳脚跟。

店铺首页装修

【知识目标】

1. 了解店铺首页装修的基础理论知识。

2. 了解店铺店标和店招的定义和作用。

3. 掌握店铺首页装修的创作方法。

4. 了解店铺店标和店招的种类。

【技能目标】

1. 能够掌握店铺首页装修的设计流程。

2. 能根据网店定位确定店标和店招的风格。

3. 能够独立完成店铺首页装修。

【知识导图】

情境导入

网店首页的美观程度直接决定进店顾客的主观感受，可以延长顾客进店停留时间，关系到顾客能否在店铺下单购物。美观的店铺装修会给顾客留下良好的第一印象，顾客会更愿意多花时间浏览店铺的商品，增加其下单的概率。

因店铺首页更新的需要，设计部主管华昊发出一份任务单（见表7-1），要求整体更换整个店铺的装修，主要的任务包括首页布局规划、店标设计、店招设计、首页焦点海报应用、产品分类导航设计和热销商品陈列区设计。

表7-1　任务单

任务指派人	华昊	发出日期	10.21
		完成日期	11.18
任务名称	店铺首页装修		
任务要求	有明确细文档（见表7-1下方）列明要求 ☑ 其他：		
任务用途	首页 ☑	主题独立页 ☐	官方承接页 ☐
	主图 ☐	直通车图 ☐	钻展图 ☐
	详情基础优化 ☐	详情深度优化 ☐	商品运营策划 ☐
	官方引流图 ☐	主题广告图 ☐	新品上新 ☐
	常规活动营销策划 ☐	主题活动策划 ☐	大型活动策划 ☐
	其他：		
自我检查		确认签名：	
组长检查		确认签名：	
验收人	按要求完成：是　否	确认签名：	

明确细文档：

店铺首页风格更新，为店铺重新设计一套首页装修效果图。

具体要求：

（1）店铺首页布局规划。

（2）店铺店标设计。

（3）店铺店招设计。

（4）首页焦点海报应用。

（5）产品分类导航设计。

（6）热销商品陈列区设计。

第一节 店铺首页布局规划

一、店铺首页布局的内容

众所周知，网店的店铺首页就相当于一个实体店的门面，其作用不亚于一个产品的详情描述，店铺首页装修的好坏会直接影响消费者的购物体验和店铺的转化率。

那么，如何才能装修好一个店铺呢？怎样布局，如何规划才能有一个不错的首页呢？如何装修才能有店铺自己的风格呢？

一个正常营业的网店，其店铺首页主要由店招、导航条、海报、产品分类、客服旺旺、产品展示、店铺页尾、店铺背景等部分组成。对店铺首页进行装修，需要店铺是旺铺专业版，直接在其自定义模块上进行操作。店铺首页标准布局图如图7-1所示。

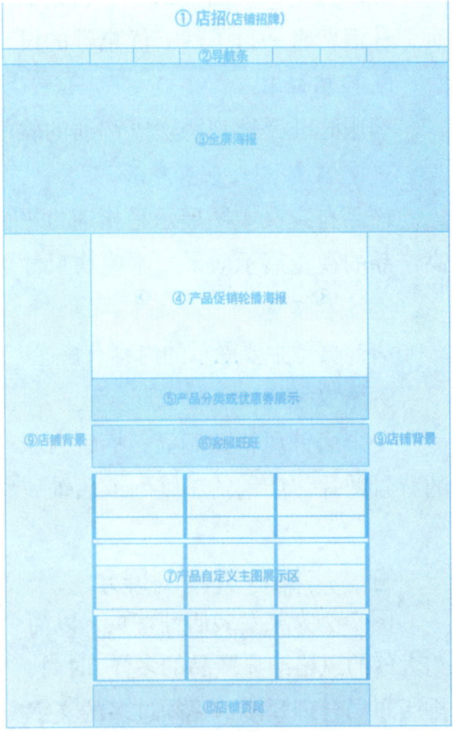

二、店铺首页布局内容解析

1. 店招

图 7-1 店铺首页标准布局图

顾名思义，店招是店铺的招牌。尺寸为像素950×150像素的店招含自定义导航部分；尺寸为950像素×120像素的店招，其导航为系统自带。店招一般展示店铺名称、Logo标志、口号等；详细一些的店招也可以展示1~2款主推产品、领取优惠券、收藏店铺等。店招是店铺里唯一一个在各个页面都展示的模块，所以一些重点推广信息可以设计在店招上。

2. 导航条

导航条可分为淘宝网系统自带的导航条和自定义导航条，其主要功能是可以快速链接到指定的页面。一般内容为所有分类、首页等，丰富一些的有会员制度、购物须知、品牌故事等，具体可根据店铺内容而定。

3. 全屏海报

全屏海报主要用于店铺重大公告、折扣优惠、主打产品推荐，让客户一进入首页就能看到店铺的重点。一般来说，全屏海报尺寸为1920像素×600像素（建议高度为400~600像素）。

4. 产品促销轮播海报

产品促销轮播海报主要用于推广产品的促销内容。轮播海报的尺寸通常为950像素×

500 像素（建议高度为 400～500 像素）。

5. 产品分类或优惠券

产品分类方便客户根据自己的需求在店铺快速找到想要的产品，可按价格分类、产品功能分类、产品属性分类等。本模块的尺寸可根据店铺规划大小来确定。

优惠券是淘宝店铺的一个营销服务，可以通过平面图片的设计将优惠券展示在店铺首页，让消费者一目了然。优惠券的设计尺寸以 950 像素 ×200 像素为宜。

6. 客服旺旺

客服旺旺是客户跟卖家沟通的软件，将其设计在首页上可方便消费者联系商家。

7. 产品自定义主图展示

产品自定义主图展示是指通过平面图片展示产品，更能突出产品的性价比，极大地提高产品的视觉展示效果。本模块尺寸可根据店铺规划大小来定义。

8. 店铺页尾

店铺页尾主要展示的内容有快递、包装、售后等，尺寸通常控制在 950 像素 ×300 像素内。

9. 店铺背景

一个店铺风格的确立，店铺背景在其中有重要作用。店铺背景设计的主要内容是店铺的背景图片、店铺的二维码或店铺一些重要的折扣信息，这些都可以加到店铺背景上。

三、店铺首页案例展示

图 7-2 为某女装店铺首页，以简约大气的风格凸显产品的多样、时尚，排版布局合理紧凑，无须过多的文字描述就知道是高端品牌女装。

四、店铺首页包含的模块

在专业版旺铺的装修中，主要有如图 7-3 所示的各种模块。在进行店铺首页装修时，需要使用相应的模块来完成。

1. 店招

使用"店铺招牌"模块来完成。

2. 导航条

默认提供高 30 像素的导航条，如果想设计得更加精美，可将其与店招设计放在一起，发挥设计水平的空间会更大一些。

图 7-2　店铺首页案例

图 7-3　专业版旺铺模块

3. 全屏海报

需要使用"自定义区"模块来完成。

4. 产品促销轮播海报

需要使用"图片轮播"模块来完成。

5. 产品分类或优惠券

产品分类可以使用"默认分类"模块来完成，如果追求更加精美的效果，则需要使用"自定义区"模块。优惠券必须使用"自定义区"模块来完成。

6. 客服旺旺

需要使用"客服中心"模块来完成。

7. 产品自定义主图展示

默认的主图展示可通过"宝贝推荐"模块来完成，但自定义的主图展示则需要使用"自定义区"模块来完成。

8. 店铺页尾

需要使用"自定义区"模块来完成。

9. 店铺背景

需要在"页面"模块中设计。

第二节　店标设计

一、店标的定义及作用

1. 店标的定义

店铺的标志简称店标，是指在网店中起识别和推广店铺作用的图案。通过店标，可以让消费者记住店铺主体和品牌文化。店标给人的感觉是最直观的，既可以代表店铺的风格、店主的品位、产品的特性，也可起到宣传作用。

2. 店标的作用

（1）网店店标是消费者识别网店的指示器。店标是一种"视觉语言"，它通过一定的图案、颜色向消费者传递店铺信息，以达到识别店铺、促进销售的目的。

（2）网店店标能够引发消费者产生有关店铺经营商品类别或属性的联想。

（3）风格独特的网店店标能够促使消费者对店铺产生好的印象。

二、店标的要求

店标的要求主要有以下几方面：

（1）文件格式：gif、jpg、jpeg、png。

（2）文件大小：80K 以内。

（3）建议尺寸：80 像素 ×80 像素。

三、常见店标分析

通过分析生活中常见的店标，归纳该店标的关键字与所属行业。

店标 1：固力制锁，如图 7-4 所示。

关键字：固力、GULI、G。

行业：制锁，以挂锁作为设计元素。

店标 2：正久农业，如图 7-5 所示。

关键字：正久、Z。

行业：农业，以叶子作为设计元素。

店标 3：1 号店，如图 7-6 所示。

关键字：1 号店。

行业：零售、购物，以购物车作为设计元素。

店标 4：建斌中学，如图 7-7 所示。

关键字：建斌、JB。

行业：学校、教育，以打开的书本和花朵作为设计元素。

图 7-4　固力制锁标志

图 7-5　正久农业标志

图 7-6　1 号店标志

图 7-7　建斌中学标志

四、店标的设计步骤

（1）确定店名关键字，取得关键字的首字母。

（2）分析店铺所属行业、主营业务或产品分类并进行抽象化，选择可替代的图案。

（3）将字母和图案相结合，完成店标的设计。

五、店标的制作

1. 确认风格

确认店铺风格，需要做好以下几项工作。

（1）在淘宝网输入搜索关键词"男装"，搜索店铺，如图 7-8 所示。

图 7-8　输入关键词

（2）在搜索结果页面中找到各个经营男装的店铺的店标，可以看到店标在搜索项的第一位，如图 7-9 所示。

图 7-9　搜索结果

（3）把各家男装店铺的店标分类汇总，分析店标的分类。由于店标的尺寸较小，只有 80 像素 ×80 像素，为了突出主题，通常使用纯色底色；为了表达清晰，内容要简洁，图案不要过于花哨。店标从表现形式上分为以下几类。

①英文店标，如图 7-10 所示。

图 7-10　英文店标

②中英文混合店标，如图 7-11 所示。

图 7-11　中英文混合店标

③图形店标，如图 7-12 所示。

图 7-12　图形店标

④图形加文字店标，如图 7-13 所示。

（4）确定风格。例如，店铺店名为"图瑞斯 TURS 欧美休闲店"，可以使用第二种中英文混合店标，突出"图瑞斯 TURS"。店铺经营类目是男装休闲款，在挑选背景时为了体现出硬朗休闲的风格，可以使用一些底纹图案。最终确定使用蓝底白黄字的色彩搭配（属于对比色搭配，醒目、靓丽）。

图7-13 图形加文字店标

各种颜色的含义

通常而言，不同的颜色对应不同的心理感受，而且每种色彩在饱和度、透明度上略微变化就会产生不同的感觉。

颜色	说明
红色	喜庆的色彩，具有刺激效果，容易使人产生冲动，是一种雄壮的精神体现，能表现出愤怒、热情、活力的效果
橙色	是一种激奋的色彩，具有轻快、欢欣、热烈、温馨、时尚的效果
黄色	亮度最高，有温暖感，具有快乐、希望、智慧和轻快的个性，给人灿烂辉煌的感觉
绿色	介于冷暖色中间，显得和睦、宁静、健康、安全，和金黄色、淡白色搭配，产生优雅、舒适的气氛
蓝色	永恒、博大，最显凉爽、清新，和白色混合能体现柔顺、淡雅、浪漫的气氛，给人平静、理智的感觉
紫色	女孩子最喜欢这种颜色，给人神秘、压迫的感觉
黑色	给人深沉、神秘、寂静、悲哀、压抑的感觉
白色	给人洁白、明快、纯真、清洁的感觉
灰色	给人中庸、平凡、温和、谦让、中立和高雅的感觉

2. 收集素材

（1）已经确定了店标使用中英文混合排版，文字为"图瑞斯 TURS"。底色蓝色，文字使用白色和黄色。接下来可以在网上收集一些蓝色底图和具有特色的字体。

步骤 1：在百度图片中搜索关键词"纯蓝色底纹背景"，如图 7-14 所示。

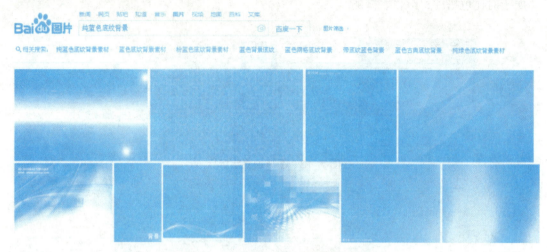

图 7-14　在百度图片中搜索关键词

除了在百度搜索平台上搜索自己所需的图片外，常用的图片资源网站还有呢图网、花瓣网等。

步骤 2：挑选几幅蓝色底图备用，如图 7-15 所示。

图 7-15　挑选底图

步骤3：确定字体。在店标制作中，字体不要过于花哨，可以在黑体、宋体、隶书等基本字体的基础上进行调整变形。

（2）已经收集了背景底纹素材，接下来要挑选符合店铺风格的底纹，对中英文文字进行大小设置，排版美观醒目。

步骤1：挑选底纹。对收集到的4幅底纹图进行分析，图7-15中的1、2、4幅图都具有圆形的规整图案，显得整齐规矩，而第3幅底纹比较随意，更符合店铺商品的街头风格。所以选择这个底纹作为店标的背景。

步骤2：在Photoshop软件中打开作为店标底纹的图片，使用"裁剪工具"，设置宽80像素、高80像素，分辨率为150像素，在图片左上角进行剪裁，如图7-16所示。

步骤3：另存文件名为"店标"。按快捷键Ctrl+L调出"色阶"对话框，设置如图7-17所示，效果如图7-18所示。

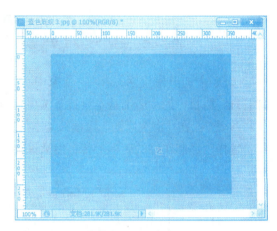

图 7-16　裁剪图片

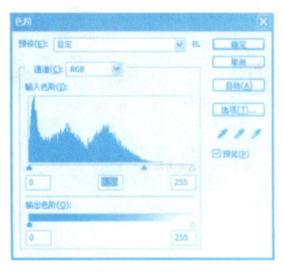

图 7-17　设置色阶

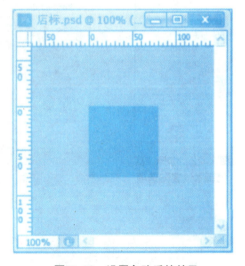

图 7-18　设置色阶后的效果

步骤4：选择"文字工具"，设置参数，如图7-19所示，颜色为白色（R：255，G：255，B：255），输入文字"TURS"。

图 7-19　设置"文字工具"参数 1

步骤 5: 选择"文字工具" , 设置参数如图 7-20 所示,颜色为黄色(R: 255, G: 255, B: 0), 输入文字"图瑞斯"。把两行文字居中, 调整位置, 店标效果如图 7-21 所示, 保存为 jpeg 格式。

图 7-20 设置"文字工具"参数 2

图 7-21 店标效果

步骤 6: 打开淘宝网, 进入"卖家中心"页面, 选择"店铺管理"栏目中的"店铺基本设置"选项, 如图 7-22 所示。

步骤 7: 在"淘宝店铺"页面的基本信息栏目里, 找到店铺标志, 单击"上传图标"按钮。选择已经制作好的店标上传, 然后保存该设置, 如图 7-23 和图 7-24 所示。

图 7-22 选择"店铺基本设置"选项

图 7-23 上传店标

图 7-24 保存设置

课堂练习

通过对本节的分析及店标设计的学习，制订店标设计计划如下：

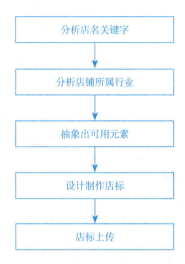

设计方案

一、分析店铺名称，确定店名关键字

为店铺"YIMI伊米生活日用百货店"设计店标，可以取店名中"伊米"两个字作为关键字，"伊米"两个字的首字母"YM"可作为关键字母，设计店标时可作为设计的元素。

二、分析店铺所属行业，抽象出可用元素

由于店铺主营日常生活用品，主要的经营理念是"经营绿色环保健康的家居生活用品"，所以计划以"树叶＋树枝"体现绿色、环保、健康这一经营理念。

三、将关键字和行业元素进行结合，设计出店标

以两片叶子构成字母"Y"的造型，以弯曲的树枝构成字母"M"，将两者进行组合，既体现了店铺关键字"伊米"，又体现了店铺绿色、环保、健康的经营理念。

方案实施

一、设计店标

（1）新建图像。打开 Photoshop 软件，新建一个 400 像素 × 400 像素、白色背景的文档，文件名为"店标"，如图 7-25 所示。

（2）新建图层，使用"椭圆选框工具"，在新建图层中绘制一个正圆，填充蓝色［RGB（11，50，98）］，如图 7-26 所示。

（3）变换当前正圆形选区，将圆形稍微变小，在蓝色正圆内部描出 2 像素的圆边，如图 7-27 所示。

（4）新建图层，使用"自定义形状工具"，画出两片叶子 [RGB（113，223，24）]，

旋转两片叶子的角度，做出类似字母"Y"的效果，如图 7-28 所示。

图 7-25　新建店标文件

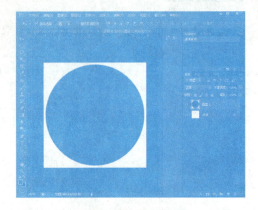

图 7-26　绘制正圆

（5）使用"钢笔工具"，勾勒出一个变形的字母"M"的形状，并用土黄色 [RGB（195，121，34）] 描边路径，做出类似树枝的效果。将图像大小调整为 80 像素 ×80 像素，保存为 jpg 文件格式。最终完成的店标效果如图 7-29 所示。

图 7-27　描圆边　　　　　图 7-28　绘制叶子　　　　　图 7-29　店标效果

二、上传店标

（1）登录淘宝网，进入"卖家中心"页面，单击进入"店铺管理"栏目中的"店铺基本设置"页面，如图 7-30 所示。

（2）单击"上传图标"按钮，将设计完成的店标上传到店铺中，如图 7-31 所示。

（3）店标一般放在店招上，或者搜索店铺时在店铺列表中可看到，如图 7-32 所示。

店铺管理

手机淘宝店铺　查看淘宝店铺
图片空间　　　店铺装修
特种经营许可证商家保障
店铺基本设置　淘宝贷款
账房　　　　　子账号管理
宝贝分类管理

图 7-30　店铺管理栏目

图 7-31　上传店标

图 7-32　店标搜索结果

第三节　店招设计

一、店招的定义及作用

1. 店招的定义

店招就是商店的招牌，有的地方叫"招子"，古人称为"幌子""望子"。近年来，随着网络交易平台的发展，店招也延伸到网店中，即虚拟店铺的招牌。网店的招牌与传统商铺的"门头"具有同样的作用。传统商铺的"门头"如图 7-33 所示。

图 7-33　传统商铺的"门头"

2. 店招的作用

（1）店招可以表明店铺所售物品或服务项目。

（2）店招可以传递店铺的经营理念及品牌优势等。

（3）店招可以展示店铺的优势产品及服务。

二、店招的大小

店招尺寸为990/950像素×150/120像素。C店和商城的店招尺寸是有区别的，如图7-34所示。

图7-34　店招尺寸比例图

三、店招包含的内容

店招上常见的内容有店铺名、品牌Logo、店铺口号、收藏按钮、关注按钮、促销产品、优惠券、活动信息、搜索框、店铺公告、网址、第二导航条、客服旺旺、电话热线、店铺资质、店铺荣誉等。简言之，如果可以，几乎所有能想到的内容都能在店招上面进行展现。除了店铺名必然会出现外，其他内容都可以按照商家的具体情况进行安排。

品牌Logo一定要出现在醒目的位置，以体现店铺的品牌诉求，如伊份的"健康、美味、新鲜，我要来伊份"；劲霸男装的"专注夹克，忠于男人"。促销信息可以在店铺促销的时段放上去，但活动结束后要及时把促销信息去掉。

四、店招的分类

以店招的主要功能进行分类，店招主要分为以下三大类。

1. 以品牌宣传为目的的店招（见图7-35）

图7-35　品牌宣传店招

以品牌宣传为目的的店招首先要考虑的是店铺名、品牌Logo、店铺口号，因为这些是品牌宣传最基本的内容；其次是关注按钮、关注人数、收藏按钮、店铺资质，可以从侧面反映店铺实力；最后是搜索框、第二导航条等方便用户体验的内容。

2. 以活动促销为目的的店招（见图 7-36）

图 7-36 活动促销店招

店铺开展促销活动时，流量集中增加，有别于店铺正常运营。所以，店招首要考虑的因素是活动信息、时间、优惠券、促销产品等内容；其次是搜索框、客服旺旺、第二导航条等方便用户体验的内容；最后才是店铺名、品牌 Logo、店铺口号等以品牌宣传为主的内容。

3. 以产品推广为目的的店招（见图 7-37）

店铺如果有主推产品或想要主推一款或几款产品，在店招上首先要考虑促销产品、优惠券、活动信息等内容；其次是店铺名、品牌 Logo、店铺口号等以品牌宣传为主的内容；最后是搜索框、第二导航条等方便用户体验的内容。

图 7-37 产品推广店招

五、制作店招的注意事项

（1）视觉重点不宜过多，有 1~2 个就够了，太多会导致店招没有核心。

（2）要根据店铺现阶段的情况来具体分析，如果现阶段是做促销，可以着重突出促销信息，但是也不能忽略品牌。

（3）店招一定要凸显品牌的特性，包括风格、品牌文化等。不过，这些元素需要在对自己的品牌有一定的理解之后，方可应用至店招中，避免对品牌定位出现偏差。

（4）店招不要制作得太花哨，给顾客造成视觉疲劳，降低其关注度，尽量只使用 1~3 种颜色，减少使用过于刺激的颜色。

六、店招设计与制作

（一）店招设计

店招信息要根据自身需要进行内容的挑选和排版，才能使信息清晰、有效地传达给顾客。

1. 风格确定

在店铺刚刚开业的情况下，暂时还没有热销的产品和优惠促销活动，所以挑选以宣传品牌为主的店招，用文字突出品牌和店名。

店招在店铺的每个页面都会展示，所以需要认真设定风格。挑选以宣传品牌为主的店招是因为店铺刚刚开业。随着店铺的发展，推出促销活动或有主推产品时，可以再对店招进行调整。

2. 收集素材

（1）在淘宝网收集一些以宣传品牌为主的店招，如图 7-38 所示。

（2）结合已经设计制作好的店标，考虑使用相同的底纹。

图 7-38　以宣传品牌为主的店招

（3）明确店招尺寸。在淘宝免费旺铺里，页头高 150 像素，包括 30 像素的导航条，所以店招设计高为 120 像素、宽为 950 像素，上传到淘宝网最合适。

为了效果更突出，文字更醒目，选择使用中心构图方式。

（二）店招的制作

根据店招的设计风格，收集了很多制作店招的素材，接下来就是要从中挑选出合适素材，完成店招的制作。

（1）新建文件，参数设置如图 7-39 所示。命名为"页头背景图"，宽度为 1300 像素、高度为 150 像素。

（2）打开店招图片，使用"移动工具" 把底纹拖动到"页头背景图"文件里，如图 7-40 所示。

图 7-39　新建文件的参数设置

图 7-40 拖动底纹

（3）按住 Alt 键，拖动"图层 1"，复制 3 次，调整好位置，如图 7-41 所示。

图 7-41 复制图层

（4）选择"图层 1 副本"，按快捷键 Ctrl+T 自由变换，右击鼠标，在弹出的快捷菜单中选择"水平翻转"命令，如图 7-42 所示。

图 7-42 水平翻转 1

（5）选择"图层 1 副本 3"，按快捷键 Ctrl+T 自由变换，右击鼠标，在弹出的快捷菜单中选择"水平翻转"命令，如图 7-43 所示。合并图层，最终效果如图 7-44 所示。

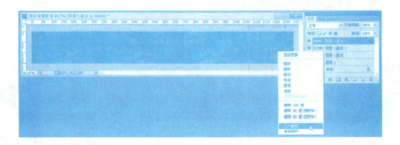

图 7-43 水平翻转 2

（6）按快捷键 Ctrl+L，调出"色阶"对话框，设置参数，如图 7-45 所示。调整效果如图 7-46 所示。

图 7-44 合并图层后的效果

图 7-45 设置色阶参数

图 7-46 调整色阶效果

（7）选择淘宝网的"卖家中心"—"店铺装修"—"配色"命令，选择"紫黑色"选项。提取导航条的颜色为 #121423（R：18，G：20，B：35）。

（8）新建图层，命名为"导航条底色"。使用"矩形选框工具" 画一个矩形，参数设置如图 7-47 所示。填充颜色为 #121423（R：18，G：20，B：35）。放大图片，使用"移动工具" ，利用标尺调整"导航条底色"位置，如图 7-48 和图 7-49 所示。

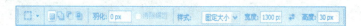

图 7-47 设置"矩形选框工具"参数

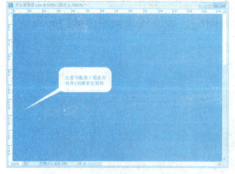

图 7-48 调整导航条底色位置 1

图 7-49 调整导航条底色位置 2

（9）使用"文字工具"输入文字"TURS"，利用"字符"面板设置其格式，参数设置如图 7-50 所示；使用"文字工具"输入文字"图瑞斯"，利用"字符"面板设置其格式，参数设置如图 7-51 所示；使用"文字工具"输入文字"美式街头休闲文化领跑者"，利用"字符"面板设置其格式，参数设置如图 7-52 所示。

图 7-50 设置"TURS"

图 7-51 设置"国瑞斯"

图 7-52 设置"美式街头休闲文化领距者"

（10）使用"直线工具"（见图 7-53）线制直线，大小为 1 像素，颜色为 #c8c8c8（R：200，G：200，B：200），并用"橡皮擦工具"擦去中间部分，调整文字位置，效果如图 7-54 所示，另存为"页头背景图 .jpg"。

图 7-53 "直线工具"

图 7-54 设置效果

（11）新建图层，使用"矩形选框工具"建立宽为 950 像素，高为 120 像素的选区，填充为白色，调整白色区域的位置如图 7-55 和图 7-56 所示。

图 7-55 新建图层，建立选区

（12）使用"裁剪工具"把白色部分裁剪下来，隐藏白色图块，另存为"店招 .jpg"，如图 7-57 所示。

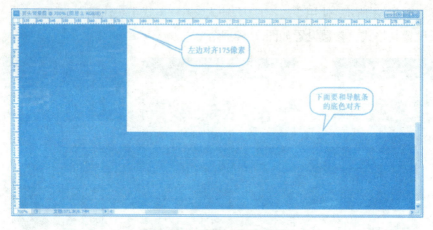

图 7-56　调整白色区域位置

图 7-57　隐藏白色图块，另存文件

（13）打开淘宝网页，选择"卖家中心"—"店铺管理"—"店铺装修"—"页头"选项，单击"更换图片"按钮，如图 7-58 所示。上传制作好的"页头背景图 .jpg"，选择横向平铺和居中，如图 7-59 所示。

图 7-58　更换图片

图 7-59　上传图片并调整平铺方式和对齐方式

（14）在页面编辑处，单击店招右上方的"编辑"按钮，如图 7-60 所示。

图 7-60　点击"编辑"按钮

（15）在弹出的"店铺招牌"对话框中单击"选择文件"按钮，如图 7-61 所示。

（16）在展开的对话框中选择"上传新图片"选项，单击"添加图片"按钮，如图 7-62
所示。上传"店招 .jpg"。

图 7-61　单击"选择文件"按钮

图 7-62　添加图片

（17）在"招牌内容"页面中单击"保存"按钮，注意要取消"是否显示店铺名称"
复选框的勾选，如图 7-63 所示。

图 7-63　保存招牌设置内容

（18）发布设置好的店招，如图 7-64 所示。

图 7-64　发布店招

第四节　首页焦点海报应用

一、常见首页海报的分类

1. 单张首焦海报（见图7-65）

淘宝网提供的自定义区默认的宽度为950像素，最大容纳950像素宽的图片。一般店铺会在首页焦点位置放置一张950像素宽的单张海报。

2. 轮播首焦海报（见图7-66）

除了自定义区可以放置海报外，淘宝网还提供了图片轮播的功能，可同时放置多张950像素宽的海报，以轮播的形式展示，在下方会有图片的序号显示，单击序号即显示对应的海报图片。

图7-65　单张首焦海报

图7-66　轮播首焦海报

3. 首页全屏海报（见图7-67）

为了使呈现效果更佳、用户体验更好，可将海报宽度设为1920像素，这样基本上所有的显示器都可以完全铺满。但是，主要产品信息应在1280像素之内或950像素之内，这样就可以保证设计的主要内容在小屏幕显示器上也能完全显示。

图7-67　首页全屏海报

二、轮播首焦海报的应用

（1）登录淘宝网，打开"卖家中心"页面，单击"店铺管理"栏目中的"店铺装修"选项，进入"店铺装修"页面。

（2）用鼠标拖动基础模块中的图片轮播模块，如图7-68所示，将其拖动至店招与第一个模块之间，松开鼠标，图片轮播模块会被添加至首页，如图 7-69 所示。

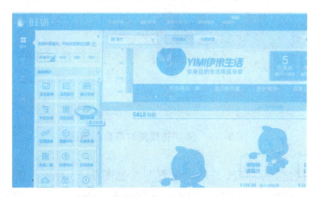

图 7-68　图片轮播模块

图 7-69　添加图片轮播模块至首页

（3）图片轮播模块添加成功后，单击"编辑"按钮（见图 7-70），进入"图片轮播"编辑窗口（见图 7-71），分别添加三张已经上传至图片空间的海报图（三张海报的宽和高必须一致），并设置各自对应的商品链接（见图 7-72）。

图 7-70　点击"编辑"按钮

图 7-71　"图片轮播"编辑窗口

图 7-72　添加轮播图片与商品链接

（4）添加完链接之后，修改"显示设置"（见图 7-73）。"显示标题"选项控制是否显示本自定义区的标题，如果显示，海报上方会有一个白条，影响整体美观，所以一般选择不显示；模块高度设置为三个图片的共同高度；切换效果按店铺需要设置，一般情况下是左右滚动。完成后进行保存。

图 7-73　显示设置窗口

（5）发布后，可以在店铺首页看到三幅轮播焦点海报，如图 7-74 所示。

图 7-74　图片轮播效果

三、首页全屏海报的应用

（1）上传已经设计完成的全屏海报图片到店铺的图片空间。

（2）登录淘宝网，打开"卖家中心"页面，单击进入"店铺管理"栏目中的"店铺装修"选项,进入"店铺装修"页面。

(3)用鼠标拖动基础模块中的自定义区模块(见图7-75),将其拖动至店招与第一个模块之间,松开鼠标,自定义区模块会被添加至首页(见图7-76)。

图 7-75　自定义区模块

图 7-76　添加自定义区模块

(4)自定义区模块添加成功后,单击"编辑"(见图7-77),进入自定义内容区(见图7-78)。

图 7-77　编辑自定义区

图 7-78　自定义内容区

（5）获取全屏海报代码。

全屏海报代码获取方法：

①进入南通实战王电商培训网站（http：//www. shizhanwang. com/）。

②单击"代码生成"栏目下的"专业版"选项，如图7-79所示。

图7-79 专业版代码生成

③打开"全屏海报网页生成器"页面，如图7-80所示。

图7-80 全屏海报网页生成器

④生成代码的方法如下：

方法一：在页面中输入"海报宽度""海报高度""图片地址"和"链接地址"信息，即可生成全屏海报的代码，如图7-81所示。

图7-81 生成全屏代码

方法二：在下面的代码中，填入海报高度、海报宽度、图片地址、链接地址等信息，也可以生成全屏海报代码。

```
<div style="height: 海报高度 px; ">
<div class="footer-more-trigger" style="left: 50%; top: auto; border: none; padding: 0; ">
<div class="footer-more-trigger" style=" left: -海报宽度 px; top: auto; border: none; padding: 0; ">
<a href=" 链接地址 "target="blank">
<img src=" 图片地址 "width=" 海报宽度 px" height=" 海报高度 px" border ="0"/>
</a>
</div>
</div>
</div>
```

（6）单击"自定义内容区"窗口的"编辑源代码"复选框，进入代码编辑状态，粘贴全屏海报代码中修改完成的代码至"自定义内容区"窗口中，并设置不显示标题，按"按钮"确定保存修改内容，如图 7-82 所示。

图 7-82 自定义区代码编辑

（7）发布后，可以在店铺首页看到全屏海报，如图 7-83 所示。

图 7-83 全屏海报效果

第五节　商品分类导航设计

一、商品分类导航的定义及作用

1. 商品分类导航的定义

商品分类导航是指引顾客更快找到自己拟购买商品位置的指向灯，相当于超市中标明各类商品位置的指示牌，其重要性不言而喻。

2. 商品分类导航的作用

（1）引导顾客快速找到所需要购买的商品，起到引导作用。

（2）增加顾客在店铺里的访问深度，增加浏览流量。

（3）有助于顾客对整个店铺的商品进行全面了解，提高客单价。

二、商品的分类标准

常见的商品分类标准有：按商品类目分类、按商品价位分类、按商品上架时间分类、按店铺促销活动分类。每个店铺的分类标准不尽相同，在进行商品分类时，需要根据店铺的实际情况区别对待。

三、商品分类导航的种类

常见的商品分类导航有：店招导航（见图 7-84）、页中分类导航（见图 7-85）、左侧分类导航（见图 7-86）、页尾导航（见图 7-87）。

图 7-84　店招导航

图 7-85　页中分类导航

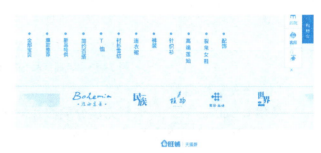

图 7-86　左侧分类导航　　　　　　　　　　图 7-87　页尾导航

课堂练习

通过对本节的分析及商品分类导航设计的学习，制订店铺首页的分类导航计划如下：

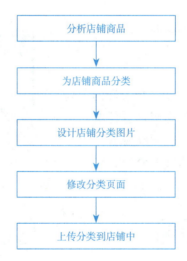

设计方案

一、分析店铺商品

YIMI伊米生活日用百货店主营生活日用品，主要商品包括玻璃杯、抽纸、带盖碗、饭勺、筷子套装、毛巾、纸巾盒、洗发水、洗洁精、牙膏、牙刷、纸杯、纸巾等。

二、店铺商品分类

对以上商品进行归类，主要可以分为四大类：杯具、纸巾、餐具、日化。

三、设计店铺分类图片

根据店铺的商品分类，进行设计规划并选择代表商品图。店铺商品分类规划草图如图 7-88 所示。

杯具专区	纸巾专区	餐具专区	日化专区
代表商品图	代表商品图	代表商品图	代表商品图

图 7-88　店铺商品分类规划草图

四、修改分类页面

使用 Dreamweaver 软件编辑完成分类图片，增加热点链接区域，为每个分类添加相应的类目链接。

五、上传分类到店铺中

将修改好的分类网页的代码上传到店铺中。

方案实施

依照设计决策拟定的步骤，完成商品分类的版面设计及上传。

一、商品分类版面设计

（1）新建图像。打开 Photoshop 软件，新建一个950 像素 ×350 像素白色背景的文档，文件名为"商品分类"，如图 7-89 所示。

图 7-89　新建图像

（2）在新建的文件中，使用"矩形选框工具"绘制四个矩形选区，使用橙色和蓝色进行填充，制作出颜色相间的四个色块，如图 7-90 所示。

图 7-90　绘制色块

（3）在四个色块中，输入四个分类的文字，如图 7-91 所示。

（4）在四个色块中继续绘制四个向下的箭头，如图 7-92 所示。

图 7-91　添加分类文字

图 7-92　绘制箭头

（5）在相应的分类下，插入四个具有代表性的商品图片，图片大小一致，完成分类图片的制作，如图 7-93 所示。

（6）在图片上，新建竖向的三条参考线，将页面划分为四个区域，如图 7-94 所示。

图 7-93　添加代表性商品图片

（7）选中"工具箱"中的"切片工具"（见图7-95），单击"切片工具"栏中的"基于参考线的切片"按钮（见图7-96），将一张大图分割为4张可以分别设置链接目标的小图。

（8）切片完成之后的效果如图7-97所示。

图7-94 添加参考线

图7-95 打开"切片工具"

图7-96 单击"基于参考线的切片"按钮

图7-97 切片效果

（9）选择"文件"菜单的"存储为Web所用格式"（见图7-98），再选择文件格式为"JPEG"（如图7-99）、存储格式为"HTML和图像"（见图7-100），保存之后会生成一个网页文件以及名为"images"的文件夹（见图7-101）。

图7-98 切片存储

图7-99 切片保存后缀名

图 7-100 切片保存格式设置

图 7-101 切片保存文件

二、商品分类版面上传

（1）将商品分类版面设计保存生成的"images"图片文件夹中的图片，上传至店铺的图片空间，如图 7-102 所示。

图 7-102 上传切片图片

（2）使用 Dreamweaver 软件编辑保存的"商品分类 .html*"网页，修改网页中图片的属性"源文件"地址为淘宝图片空间中的图片链接地址，并且修改图片的"链接"为对应的商品分类地址，四个分类图片依次修改，如图 7-103 所示。

（3）修改完毕后，查看该网页代码，复制 <body> 到 </body> 中间的代码，如图 7-104 所示。

（4）把复制的代码粘贴至店铺首页规划好的"产品分类导航"栏目下的"自定义内容区"中，如图 7-105 所示。

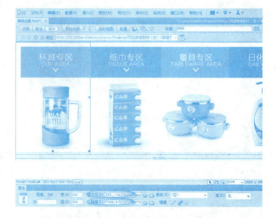

图 7-103 修改图片源文件及链接

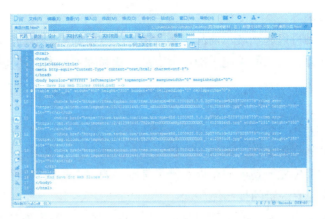

图7-104 复制代码

图7-105 粘贴代码

（5）发布成功后，店铺商品分类导航会显示在店铺首页，效果如图7-106所示。

图7-106 商品分类导航效果

第六节 热销商品陈列区设计

一、商品陈列的定义

商品陈列就是将商品按销售者的经营思想及要求，有规律地摆设、展示，以方便顾客

购买，提高销售效率。

　　合理地陈列商品可以起到展示商品、刺激销售、方便购买、节约空间、美化购物环境等重要作用。据统计，店铺如果能正确运用商品配置和陈列技术，销售额可以在原有基础上提高 10%。

二、电商行业商品陈列

　　电商行业商品陈列源于线下成熟的零售行业。比如在一个陌生的超市，顾客凭感觉能找到商品所在的货架位置。超市的布局安排不是随机的，而是根据顾客需求来设计的。网店的商品陈列，也应有一定的规律性。

　　电商行业中影响商品陈列的主要有商品分类、商品图片、商品信息内容（如商品名称、商品价格）等。传统超市和电商商品陈列对比见表 7-2。

表 7-2　传统超市和电商商品陈列对比

传统超市商品陈列		电商商品陈列	
位置	内容	位置	内容
入口处	吸引顾客进店，配置主题型季节促销区（特别是标准超市）	首屏焦点海报	电商主题大促
主题区	放在卖场深处，吸引顾客向卖场纵深行进	分类商品陈列区	电商引导性标识
端架区	高毛利商品、低价优质商品，强化价格形象，激发顾客购买欲望	大促商品陈列区	电商新热促销点
排面促销区	活化陈列，吸引顾客向货架深处行进	首页商品分类列表	电商分类运营手段
特殊陈列	包柱子海报宣传	首页背景设置	电商特别主题装饰渲染气氛

三、商品陈列的重要性

　　陈列是零售业的一个重要环节，有规则地摆设、展示商品不仅便于顾客购买，而且可以美化购物环境、刺激销费、提高商品销量。可以说，商品陈列直接影响着销量。

四、如何进行商品陈列

　　消费者的浏览网页的习惯是从上到下、从左到右。商品陈列原则有以下几个：

　　（1）重点突出（见图 7-107）。

　　（2）整齐统一（见图 7-108）。

　　（3）色彩对比（见图 7-109）。

　　（4）关联有序（见图 7-110）。

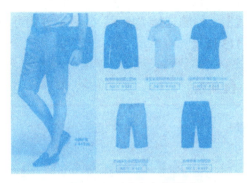

图 7-107 重点突出原则

图 7-108 整齐统一原则

图 7-109 色彩对比原则

图 7-110 关联有序原则

五、商品陈列区的制作方法

1. 宝贝推荐模块的制作

（1）添加"宝贝推荐"模块。将装修模块中的"宝贝推荐"模块（见图 7-111）拖动至店铺首页中需要的位置（见图 7-112）。

图 7-111 宝贝推荐模块

图 7-112 添加宝贝推荐模块

（2）编辑"宝贝推荐"模块。修改"显示设置"，标题选择"显示"，展示方式可以根据店铺需求设置一行展示多少个宝贝，如图 7-113 所示。

2. 自定义陈列区的制作

使用 Dreamweaver 制作自定义陈列区，如图 7-114 所示。

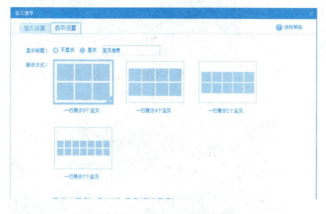

图 7-113　编辑宝贝推荐模块

图 7-114　制作自定义宝贝推荐模块

店铺首页装修

1. 实训目的

学习店铺首页装修的内容及设计方法和步骤，完成"阿靓爱好"文体店的首页装修。

2. 实训准备

（1）组队：4～6人一组（至少有一位同学有自己的店铺），并选出一名组长，由组长分配好组员的工作。

（2）素材：商品图片若干，场景图3张。

3. 实训任务

确定一个要装修的店铺，从店铺首页布局开始，完成整个店铺的视觉规划及装修工作。店铺装修的风格应结合主营类目来定。

4. 实训步骤

（1）店铺布局规划。

（2）店标设计与上传。

（3）店招设计与上传。

（4）首页焦点海报的应用。

（5）店铺商品分类的设计。

（6）热销商品陈列区的设计。

5. 任务实施

（1）完成店铺首页的布局规划，简单画出布局图。

（2）结合店名与主营类目，完成店标的设计，并上传至店铺中。

（3）完成店招的设计，店招上必须包含基本的店铺信息，配色协调、布局合理，并将店招上传至店铺中。

（4）使用全屏海报，完成首页焦点海报的应用。

（5）完成店铺商品的分类工作，设计分类图片并应用至店铺中。

（6）设计热销商品陈列区，进行切片，关联好链接，应用至店铺中。

知识回顾

本章主要是对店铺首页视觉效果进行规划和设计，让店铺的视觉效果更加富有吸引力，能引导消费者浏览，使其在店铺中停留更长时间，激起消费者的购物欲望。好的店铺装修效果，能增加每个消费者的客单价，提高店铺的销量。

经过以上设计，YIMI伊米生活日用百货店首页完成了装修工作，效果如图7-115所示。

在进行店铺首页设计之前，需要对店铺有个整体的规划。店铺首页布局的内容包括店招、导航条、全屏海报、产品促销轮播海报、产品分类或优惠券、客服旺旺、产品自定义主图展示（产品陈列区）、店铺页尾、店铺背景。

店标是一个店铺的标志，是店铺标识的图形记号。我们要掌握店标的定义、店标的作用、淘宝网中店标的基本要求、店标设计和店标上传的方法。

店招就是商店的招牌，用来展示店标、店铺名、主营产品、经营理念等基本信息。我们要掌握的内容有：店招的作用、店招的大小、店招上应包含的内容、店招的分类、店招的设计方法和店招的上传方法。

首页焦点海报是在店铺首屏展示促销商品及活动用的。我们需要掌握首页焦点海报的定义、内容、形式、常见的分类，并学会应用首页焦点海报。

商品分类导航是指引顾客更快找到自己拟购买商品位置的指示牌，能给顾客更好的购物体验，增加顾客购买的客单价。我们需要掌握的内容有：商品分类导航的定义及作用、商品的分类标准、商品分类导航的种类、

图7-115　店铺首页装修效果

设计及如何应用商品分类导航。

商品陈列就是将商品按销售者的经营思想及要求，有规律地摆设、展示，以方便顾客购买，提高销售效率。我们需要掌握商品陈列区展示的主要内容，了解商品陈列区的重要性，知道如何进行商品陈列区的规划，并学会设计和上传商品陈列区。

对于没有美术和设计基础的初学者而言，要多浏览、学习他人的作品，多看一些相关的书籍来提高自己的审美观和艺术欣赏能力。在实际设计制作中，初学者不是缺乏想法，而是想法太多，常常会把很多绚丽的效果和广告文字进行堆砌，画面常常出现过多的色彩搭配，反而使得画面没有中心，主题不突出。对于一间店铺而言，设计制作的店标、店招和导航条还要注意风格的统一，和谐地搭配。所以在设计时要多用减法，而不是加法。

课后练习

1.通过对本章的学习，将自己的店铺重新进行版面规划，设计新的店标、店招，使用全屏海报的效果设计首屏焦点图，并重新进行分类设计，对产品进行热销产品陈列区、新品上架陈列区的规划，最终完成整个店铺首页装修。

2.设计制作图像类型的店标。

 拓展阅读

五处店铺装修设计的地方

想要淘宝店铺装修过关，前提是必须了解哪些地方是需要重视的，只有了解之后装修出来的效果才会更完美。下面就主要来讲讲在店铺装修过程中哪些地方需要重视。

1. 首页

店招：有两种，即默认、自定义。

导航栏：一般会有首页、所有宝贝，以及其他分类名称，可以进行设置。

店招加上导航栏就是页头。可以自定义把这两个模块放在一起，从而减少导航栏设置的麻烦。

搜索栏：有系统自带和自定义两种。自带的比较简单，添加一个搜索模块即可；自定义需要用些代码。

950部分：C店是950像素宽度，天猫店是990像素宽度。（注：可用全屏代码扩充为1920像素宽度。）

底部：一般都是写服务方面的事项，如7天无理由退换货、快递发货等。

自定义模块：可添加代码、图片、文字、视频。添加全屏代码就在这里。

常用的代码：全屏海报、全屏轮播。

2. 详情页

详情页基本上会有公共部分（海报＋产品关联），放这个模块的目的一是提高产品的曝光率，二是增加访问时间。产品关联可以放热销款产品、产品搭配套餐等。

产品详细介绍基本上会分为几个模块：①产品海报；②购买理由；③产品卖点；④产品基础信息；⑤产品细节图；⑥产品场景图；⑦产品生产过程；⑧适用人群。

需要注意以下几点：

（1）详情页不是越长越好。不同类目，长度不同。比如3C类目产品详情页基本上在15000像素以上，食品类目详情页基本上在10000像素以内。把重要的部分展现出来基本上就可以了。

（2）天猫店的公共部分可以放在详情页顶部或者底部。C店的公共部分系统默认只能放在底部，所以C店要想添加公共部分，那就要一个一个添加了。

3. 主图

主图的尺寸建议是800像素×800像素以上，也可以是400像素×400像素，只不过没有放大功能。每张图都可以放上一些言简意赅的文字，如包邮、半价、清仓等。尤其现在手机端流量很大，一般客户都会优先看主图，因此图片必须清晰。

4. 分类页以及侧边栏

分类页：很多人都会忽略这一模块，觉得这一模块不重要。实际上，产品分类便于客户选择。可以按照价格、销量、品类等进行分类。这个模块只需要在后台进行分类，图片也可以设计。

侧边栏：在"所有宝贝"页面的左侧、详情页的左侧都是侧边栏，这里可以放热销产品、搜索条、手机端二维码。宽度是190像素，高度随意。

5. 手机端页面装修

如今手机端需要重视起来。首页装修里面有许多功能，有系统自带的，也有自定义的，大家可以自己尝试一下。不管怎样做，务必要装修一下。手机端图片宽度是608像素，高度最低的是152像素。手机端详情页可以直接用计算机端的，可以添加文字、图片、视频，高度不可超过20000像素。C店的小伙伴们可以用淘宝神笔来编辑手机端详情页。

系统自带的模块有很多，只要把产品图添加上去即可。比如系统默认的模块中有：宝贝推荐、宝贝排行、客服中心、宝贝搜索等。需要动手的基本上是自定义模块，如详情页，必须自己动手作图。

目前来看，最重要的算是手机端。对于中小商家来说，最重要的算是详情页了。原因是消费者进店基本上是搜索产品的，会先看详情页（PC端或无线端）。不同阶段的商家会做出不同的方案。

微店铺装修设计与制作

第八章

【知识目标】

1. 掌握微店铺首页设计的基础理论知识。

2. 了解微店铺商品详情页设计的基础理论知识。

3. 掌握微店铺首页的装修方法。

4. 掌握微店铺商品详情页设计的方法。

【技能目标】

1. 了解微店铺首页的设计流程。

2. 掌握微店铺商品详情页设计的流程。

3. 能够独立完成微店铺装修首页设计。

4. 能够独立完成微店铺商品详情页设计。

【知识导图】

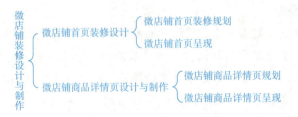

情境导入

    2012 年，无线端店铺开始走进我们的生活，经过这几年的蓬勃发展，已经成为电商的必争之地。无线端的浏览量已经呈现与 PC 端持平甚至超越 PC 端的趋势。越来越多的顾客用手机购物。因此，开设微店铺越来越受到商家的重视。

    经过综合考虑，设计部主管华昊发出一份任务单（见表 8-1），要求装修一个具有特色与引导性的微店铺首页。

186

表 8-1　任务单

任务指派人	华昊	发出日期	12.18
		完成日期	12.30
任务名称	微店铺首页设计		
任务要求	有明确细文档（见表 8-1 下方）列明要求 ☑ 其他：		
任务用途	首页 ☐	主题独立页 ☐	官方承接页 ☐
	主图 ☐	直通车图 ☐	钻展图 ☐
	详情基础优化 ☐	详情深度优化 ☐	商品运营策划 ☐
	官方引流图 ☐	主题广告图 ☐	新品上新 ☐
	常规活动营销策划 ☐	主题活动策划 ☐	大型活动策划 ☐
	其他：微店铺首页		
自我检查		确认签名：	
组长检查		确认签名：	
验收人	按要求完成：是　　否	确认签名：	

明确细文档：

为 YIMI 伊米生活日用百货店开设微店铺，并为微店铺装修首页。

具体要求：

（1）结合 YIMI 伊米生活日用百货店 PC 端店铺风格装修微店铺首页，对 PC 端店铺首页进行优化，可更改一些图片。

（2）风格简单、大方、上档次，让人有耳目一新的感觉。

（3）整体美观，简明扼要，逻辑性强，色彩清晰。

（4）添加优惠券和产品分类。

（5）页面大气、有品质感，让顾客有信任感。

第一节　微店铺首页装修设计

一、微店铺首页装修规划

（一）微店铺概述

1. 微店铺的定义

微店铺是指手机上的购物网店，可以替代官方网站、网络商城平台，也可以实现客户

数据管理、在线支付、物流查询等全面的网络交易功能。

2. 微店铺适用范围

微店铺适用于面向终端消费者的 B2C 零售企业，也适合大型机械设备、原材料、工程建设等特殊的 B2B 公司。这种店铺形式主要创办于 2011 年 4 月 2 日，致力于打造国内最大的新型多功能生态化综合电子商务平台，是集成了购物系统、分销代理系统、社区化分享系统、微型威客系统、分享推广系统等的多功能生态化电子商务平台。对 99% 的中小企业来说，微店将是企业在手机平台上的最佳名片、手机上的销售渠道、手机上的客户服务工具、手机上的赚钱机器。

3. 微店铺的特点

微店铺入口主要分三个端口：淘宝 App、天猫 App、WAP 端口。就流量而言，三个端口的大小关系是：淘宝 App＞WAP 端口＞天猫 App。淘宝 App 更趋向千人千面的实效销售，天猫 App 主要体现品牌和时尚个性。这三种形式拥有不同的操作平台，但是运营的手法和设计的技巧是相同的。这三个端口的呈现方式也会随着手机淘宝、天猫 App 版本的升级而发生变化，呈现形式会随着消费者的浏览路径和习惯进行优化升级。

（二）微店铺装修的原则

要做好微店铺装修，不能生搬硬套 PC 端的做法。针对无线的特性，微店铺装修应遵循以下原则：

（1）做到极速打开，因手机端流量限制，不能出现商品图片呈现不了的现象。

（2）文字信息简洁明了，以图片为主。

（3）设计主题与店铺风格相结合，首尾呼应。

（4）模块和结构划分清晰。

（5）多用鲜亮色彩。手机端因为浏览面积小，视觉受限，如果用深色系，会引起消费者感官的不悦感。

（三）微店铺首页装修设计布局

微店铺首页装修设计与 PC 端店铺首页的设计思路大同小异。既然都是店铺装修，不同之处有哪些呢？为何不使用 PC 端一键导入功能，将 PC 端的所有东西一键导入手机端呢？我们从微店铺设计的基础布局开始讲解。

微店铺首页主要包括店铺 Logo、店招、导航、商品陈列区、活动区、优惠券、系统默认模块等，如图 8-1 所示。

店铺 Logo：店铺吸引眼球的一个标志。

店招：这是整个店铺首页较为突出的地方，要重点突出店铺风格。

导航：店铺分类及活动，文字一定要简洁清晰。

商品陈列区：在商品为根、图片为王的时代，要考虑哪些商品适

图 8-1　某微店铺
首页

合用于首页。

热销区：可以把店铺爆款用轮播或者海报的形式展示出来，以吸引消费者。

活动区：可以放置在一个比较显眼的地方，但是不可以喧宾夺主，抢了热销区的风头。

优惠券：这是目前手机端使用最多、最有效的引流和转化方式。

微店铺首页常用结构及内容见表 8-2。

表 8-2　微店铺首页常用结构及内容

微店铺首页常用结构	内容
店招	店铺 Logo、主题氛围、店铺定位
优惠券	优惠信息
主推爆款	轮播海报展现
活动专区	1. 店内专题活动 2. 平台促销活动 3. 会员定向活动
品类导航	1. 品类维度区分 2. 活动维度区分
系统默认模块	默认排行榜

二、微店铺首页呈现

微店铺首页的装修不同于 PC 端，不能直接通过代码编写来实现所需的效果，而是需要通过添加装修平台提供的各种模块来实现微店铺首页的装修。微店铺装修平台模块主要有店铺头、商品类、图文类、营销互动类、个性化组件等。

1. 店铺头模块

店铺头模块相当于 PC 端的店招。在微店铺中，店招的格式是固定的，其左边为店铺 Logo 及店铺名，背景是一张可以自定义的 640 像素 ×200 像素的图片。

店招规格：642 像素 ×200 像素；类型包括 jpg、jpeg、png。

店招作为微店铺首页上第一眼就能看到的位置，是展现品牌形象或店铺活动的最佳位置。在设计店招时，背景不宜杂乱，排版以简洁为主，文字不宜过多，以符合品牌形象的图片或者相应活动的图片作为背景，再配上简短的一句口号即可，注意避免文字与固定模块重叠，如图 8-2 所示。

图 8-2　某微店铺店招

2. 商品类模块

商品类模块包含单列商品模块、双列商品模块、商品排行榜、搭配套餐模块、猜你喜欢。商品模块是最常用的，可以手动推荐或自动推荐店铺主要商品；可以按品类展示，也可以自定义展示，每个模块支持的商品最大数量为 5 个，如图 8-3 所示。

3. 图文类模块

图文类模块包含新老客模块、标题模块、文本模块、单列图片模块、双列图片模块、多图模块、辅助线模块、焦点图模块、左文右图模块、自定义模块，如图 8-4 所示。

4. 营销互动类模块

营销互动类模块包含优惠券模块、电话模块、活动组件、专享活动、活动中心模块等，如图 8-5 所示。

5. 个性化组件

个性化组件模块以文字与自动模块为主，只需按照模块规定的尺寸制作即可，如图 8-6 所示。

图 8-3　商品类模块

图 8-4　图文类模块

图 8-5　营销互动类模块

图 8-6　个性化组件

第二节　微店铺商品详情页设计与制作

一、微店铺宝贝详情页规划

数据显示，目前淘宝网中 70% 左右的流量是通过手机产生的，多数店铺的手机端流量占比为 60%~80%，有些店铺的占比更高。当我们埋怨店铺流量不足时，我们有没有重视 PC 端转向手机端的变化趋势呢？一笔交易的达成是有一定步骤的，通过交易流程的分析发现，其中点击率（主图）和转化率（详情页）的影响力度最大。点击率决定了进店流量的数量和质量，而转化率则决定了商品是否能成功卖出。下面我们一起来学习一下，一个优秀的微店铺商品详情页到底该怎么做。

（一）微店铺商品详情页的规格和要求

（1）宽度：480 ~ 620 像素。

（2）高度：小于或等于 960 像素。

（3）格式：jpg、gif、png。

（4）总体大小：图片、文字和音频文件加起来应小于或等于 1.5M。

（5）所有图片都应与本商品有关。

（6）文字要求：图片文字字体应大于或等于 30 号字，英文和阿拉伯数字应大于或等于 20 号字。若需要添加的文字太多，尽量使用纯文本的方式编辑，这样页面看起来会更清晰美观。

（7）音频要求：每个微店铺商品详情页只能增加一个音频，时长不超过 30 秒，大小不超过 200K，支持 MP3 格式。音频内容可以围绕产品卖点、品牌故事、产品特色、产品优惠等展开。

（二）微店铺商品详情页的作用

（1）展示商品，让消费者从图片中直观地了解商品。

（2）介绍商品，让消费者了解商品属性。

（3）增加流量，吸引消费者进入店铺或查看其他商品，提高成交率，增加二次消费机会。

（4）树立品牌形象，提高消费者的信任度和购买欲望。

（5）良好的商品详情页会引导消费者完成自主购物，减少沟通成本。

（三）微店铺商品详情页的内容

微店铺商品详情页应包括哪些内容？该如何合理安排呢？下面一起来看一下微店铺商品详情页主要包括的内容。

1. 同类产品推荐或活动推荐

例如，推出"收藏加关注，轻松赚20元优惠券"或者"满减"的优惠信息，如图8-7所示。

图8-7　活动推荐

2. 商品详情

展示商品的尺寸表，如编号、产地、颜色、面料、重量、洗涤建议等信息，如图8-8所示。

3. 商品功能特点展示

展示焦点图，突出单品的卖点，吸引眼球，如图8-9所示。

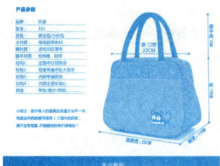

图8-8　商品详情　　　　　　　图8-9　商品功能特点展示

图 8-10　模特图展示

图 8-11　单品展示

图 8-12　细节展示

4.模特图片展示

展示的图片中至少包括一张正面图、一张反面图、一张侧面图，若商品有其他的形状也应尽可能展示，如图 8-10 所示。

5.商品单品拍摄展示

例如，商品有不同的花色，应把各种花色展示出来，适当配上文案进行解说，如图 8-11 所示。

6.细节展示

例如，衣服可展示袖子、拉链、吊牌位置、纽扣等细节，如图 8-12 所示。

7.其他热销商品

其他热销商品推荐如图 8-13 所示。

8.购物须知

购物须知包括邮费、发货、退换货、洗涤保养、售后问题等内容，如图 8-14 所示。

9. 品牌故事或品牌质量

品牌文化简介可让消费者觉得品牌质量可靠，更容易得到消费者认可，如图8-15所示。

图 8-13　其他热销商品推荐

图 8-14　购物须知

图 8-15　品牌质量

（四）微店铺商品详情页常用结构

手机端商品详情页是转化率最高的地方，有很多店家会直接把PC端的商品详情同步到手机端，这种方法是不可取的，因为PC端的格式和手机端的格式是不一样的，这样的商品详情图片就会不清晰。可以参考 PC 端商品详情模块进行增减，使用图片编辑软件重新设计修改。

微店铺商品详情页的常用结构有核心卖点、辅助卖点、使用体验、配件说明、商品参数、售后保障、关联推荐等。总的来说，微店铺的装修设计不需要太复杂，简洁清晰就可以了。不管是装修店铺首页还是装修产品详情页，都需要突出卖点和重点。

二、微店铺商品详情页呈现
（一）微店铺商品详情页的设计技巧

微店铺中的商品详情页设计是直接决定交易能否达成的关键因素。商品详情页怎样才能具有吸引力？怎样才能抓住消费者的心理呢？

（1）商品照片应选择品质高的图片，使用统一纯净的背景，清晰明亮，如图 8-16 所示。每个商品都有大小和角度不同的配图，这样使消费者能够从各个角度连贯地浏览商品，从而对商品产生全面的印象。

（2）控制图片大小和质量。

（3）从消费者的角度出发，根据不同行业商品类别，将商品属性详细展现出来。若内容较多，可考虑采用图文结合的方式展示，如图 8-17 所示。

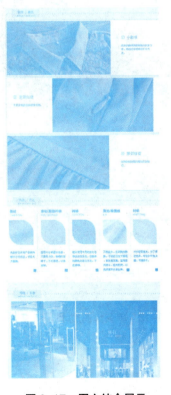

图 8-16　纯色背景　　　　　　图 8-17　图文结合展示

（4）大图展示。手机端屏幕较小，体验方式与 PC 端有很大区别，所以在商品展示时要用单列的大图，可以让消费者更加清晰直观地看到商品，如图 8-18 所示。

（5）恰当的页面长度。手机端消费者并不希望详情页太长，因为大多数消费者使用手机端浏览时使用移动流量，并且利用碎片时间进行购买，详情页布局简单清晰才能给消费者更好的体验，提高购买成功率。特别是商品展示图片之前的广告描述不得过多，过多既影响消费者对商品本身的关注度，也影响页面的打开速度。有时候页面太长还会导致详情缓冲不出来，如图 8-19 所示。

（6）文案突出，如图 8-20 所示。文案主要描述产品的优势和卖点，好的文案可以通过富有激情的语言让消费者看了有下单的冲动。

（7）趣味性。商品详情页不能仅仅出于让消费者掏钱的目的，也要根据产品的属性特点，添加富有趣味性的内容，如产品的展示、关联搭配等，如图 8-21 所示。

图 8-18　单列大图展示

图 8-19　页面缓冲

（二）微店铺商品详情页的上传

微店铺商品详情页和 PC 端商品详情页大小与规格虽不同，但内容的规划大致是一样的。

图 8-20 文案突出

图 8-21 富有趣味性

1. 进入手机详情编辑页面

进入手机详情编辑页面的方法有多种，以下介绍三种常用的进入手机详情编辑页面的方法。

（1）通过"宝贝管理"进入页面。

①进入"卖家中心"页面，若需要编辑的商品已在 PC 端发布，则单击"宝贝管理"栏目下的"出售中的宝贝"选项；否则，单击该栏目下的"发布宝贝"选项。如图 8-22 所示。

图 8-22　"宝贝管理"页面

②选择出售中的商品后单击"编辑宝贝"超链接，如图8-23所示。

商家编码：666A077

图8-23　单击"编辑宝贝"超链接

③进入"宝贝基本信息"页面后，找出"宝贝描述"栏目，选择"手机端"选项，如图8-24所示。

（2）通过"店铺管理"进入页面。

①进入"卖家中心"页面，单击"店铺管理"栏目下的"手机淘宝店铺"选项，如图8-25所示。

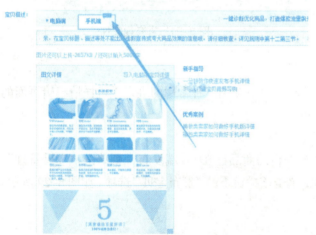

图8-24　选择"手机端"选项　　　　**图8-25　单击"店铺管理"选项**

②单击"立即装修"按钮，进入如图8-26所示。

③进入"无线运营中心"页面后，单击"详情装修"按钮，如图8-27所示。

注意：在淘宝微店铺装修中必须使用UC浏览器或谷歌浏览器，其页面才能正常显示，如图8-28所示。

（3）通过手机端千牛卖家工作台进入页面。

①单击"商品管理"栏目，如图8-29所示。

②单击"出售中"按钮、"发布宝贝"按钮或"手

图8-26　微店铺装修入口

机详情"按钮都可进入手机详情编辑页面，如图8-30所示。

图8-27 点击"详情装修"按钮　　　　　　　**图8-28 装修页面的浏览器限制**

图8-29 移动千牛工作台　　　　　　　　　**图8-30 移动千牛商品管理页面**

2. 编辑手机详情页面

进入手机详情编辑页面后，可通过两种方式对详情页面进行编辑：一种是模板编辑，另一种是文本编辑。两种方式编辑内容不混合，发布商品时只应用当前编辑器的内容。

（1）模板编辑。

①进入模板编辑页面。选择"模板编辑"选项，单击"立即编辑"按钮，如图8-31所示。

②选择模板。选择需要的模板类目，单击"使用模板"按钮，进入模板详情描述页面，如图8-32所示。

图 8-31　模板编辑页面

图 8-32　模板类目

③修改模板。根据模板的规格准备商品的图片，单击"更改图片"按钮修改成店铺商品详情图片，然后选择页面右边模块栏目修改其他内容。单击"预览"按钮查看效果，最后单击"完成编辑"按钮，如图8-33所示。

图8-33　修改模板

（2）文本编辑。

①进入文本编辑页面。选择"文本编辑"选项，单击"导入电脑端宝贝详情"按钮，确认生成图文详情，如图8-34所示。

图8-34　进入"文本编辑"页面

②修改和添加详情图片。在确认上传时你会发现这样生成的页面出错，因为手机详情页面和 PC 端详情页面的规格不一样，手机详情页规定每次添加的图片必须宽小于 620 像素、高小于 960 像素，所以要对 PC 端详情图片进行分割并修改每张图片的大小，如图 8-35 所示。

③单击"图文详情"选项下面的"添加"按钮，添加图片，如图 8-36 所示。

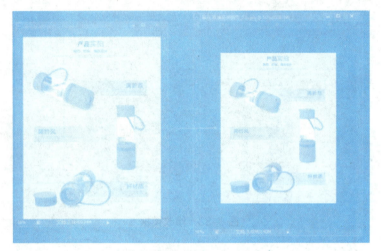

图 8-35　修改图片大小

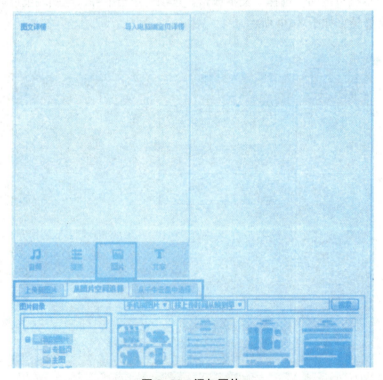

图 8-36　添加图片

3. 上传手机详情页

成功添加详情页内容和完善其他的商品基本信息后，把页面滚动到最下面，单击"发布"按钮，完成上传操作，如图 8-37 所示。

4. 预览手机商品详情页

如果详情页面过长，页面会以多页面进行显示，如图 8-38 所示。

图 8-37　发布商品详情

图 8-38　多页面显示详情

微店铺商品详情页设计制作

1. 实训目的

了解微店铺商品详情页的设计方法及步骤，为"阿靓爱好"文体店微店铺中的圆珠笔设计手机端商品详情。

2. 实训准备

（1）组队：3～5人一组（至少有一位同学有自己的店铺），并选出一名组长，由组长分配好组员的工作。

（2）素材：商品图片若干。

3. 实训任务

参考 PC 端商品详情页面，并从微店铺商品详情页的背景、配色、字体、版面布局等方面入手，为"阿靓爱好"微店铺的圆珠笔设计商品详情页，设计规格为宽 620 像素、高最大为 960 像素。

4. 实训步骤

（1）撰写顾客购买需求。

（2）筛选 PC 端商品详情页模块。

（3）确定微店铺商品详情页信息。

（4）使用 Photoshop 修改 PC 端商品详情图。

（5）排版规划。

（6）上传微店铺商品详情页。

（7）浏览商品详情页效果。

5. 任务实施

（1）撰写顾客购买需求。

（2）列出 PC 端商品详情页模块。

序号	PC 端商品详情页模块	在手机端商品详情页模块中是否保留
1		
2		
3		
4		
5		
6		
7		
8		
9		
10		

（3）确定手机端宝贝详情页信息。

序号	手机端商品详情页模块	内容说明
1		
2		
3		
4		
5		
6		
7		
8		
9		
10		

（4）修改 PC 端商品详情图。

（5）排版规划。

序号	排版项目	排版要求说明
1	页面长度	
2	图片质量和大小	
3	重点展示内容	
4	模块顺序	

（6）上传商品详情页。

（7）浏览商品详情页效果。

 知识回顾

　　通过本章的学习，我们了解了微店铺装修的基本知识。微店铺入口主要分三个端口：淘宝的 App、天猫 App、WAP 端口。就流量而言，三个端口的大小关系是：淘宝 App>WAP 端口 > 天猫 App。淘宝 App 更趋向千人千面的实效销售，天猫 App 主要体现品牌和时尚个性。

　　要做好微店铺装修，不能生搬硬套 PC 端的做法，针对无线的特性，微店铺装修应遵循的原则为：微店铺首页由店铺 Logo、店招、导航、商品陈列区、活动区、优惠券、系统默认模块等部分组成；微店铺首页的装修不同于 PC 端，不能直接通过代码编写来实现所需的效果，而是需要通过添加装修平台提供的各种模块来实现微店铺首页的装修。微店铺装修平台模块主要有商品类、图文类、营销互动类、个性化组件等；微店铺商品详情页制作的要点就是不直接使用 PC 端商品详情页，而要去除多余内容，精简页面，减少手机端顾客的流量费用；要做好微店铺商品详情页，就要清楚了解其制作要点和要注意的方面。

课后练习

1.通过对本章的学习，请你为自己的店铺设计微店铺首页。

2.通过对本章的学习，请你为自己的微店铺制作商品详情页。

拓展阅读

手机成为"新农具" 庄户人变"新店家"
——农村电商助力农民丰收

五谷丰登，瓜果飘香，又是一年丰收季。在广袤的山间田野，迅猛发展的农村电商正在造就新时代的"新农民"。他们借助网络，告别"丰收的烦恼"，让一大批优质的农产品成为热销的"网红"产品。

习近平总书记在河南省光山县文殊乡东岳村考察时强调，要积极发展农村电子商务和快递业务，拓宽农产品销售渠道，增加农民收入。

记者在河南、山西、四川、贵州等地走访时，深刻感受到电商助力精准扶贫、促进产业变革，给广大农村群众、乡村带来的巨变。

乡土"山货"成网红"尖货"

"想不到在家门口也能做电商。"苗族小伙余玉龙是贵州省雷山县丹江镇干皎村电子商务服务站点的负责人，3年前返乡创业，现在他的网店主要销售银球茶等当地特色农产品。

干皎村地处雷公山腹地，沟壑纵横，但高山云雾也孕育了好茶。余玉龙在淘宝上开的店名叫"雷公山茶馆"，2019年以来销售额已超过60万元。

"起初家人都不支持，觉得我是无业游民，直到后来看到店里堆满了要发出去的货，才开始支持我。"余玉龙一边熟练地操作着手机一边说，顾客的每一次好评都是他继续做下去的动力。

有好东西，却运不出、卖不了，这是很多偏远地区的"痛点"。特别是一些生鲜"山货"，要转化成"网货"更是不易。

河南省光山县文殊乡东岳村位于大别山集中连片特困地区，2018年实现脱贫。

进入村庄，一块块金黄的稻田映入眼帘，沉甸甸的稻穗随风起伏。

近年来，东岳村大力推进"多彩田园"产业扶贫，成立了村电商服务中心，把村里的农副产品销往全国各地。

"咱的日子节节高，其中不少功劳要归功于农村电商。"种粮大户杨长太不愁销路，也不担心价格，他把收获后的稻谷加工成大米，打上四方景庭农场的商标，通过电商销售，每亩稻谷净收入1300元左右。凭着十足的干劲儿，他也从昔日的贫困户成为如今的致富带头人。

东岳村电商服务中心负责人刘钰介绍，除了大米、糍粑、咸麻鸭蛋、黑猪腊肉、红薯粉条、甜米酒等，"光山十宝"也是热卖产品。

自2014年起，商务部会同财政部、国务院扶贫办实施电子商务进农村综合示范措施，政策支持范围目前已实现全国 832 个国家级贫困县全覆盖，河南光山、贵州雷山都是受益的"示范县"。

手机成了新农具，直播也是新农活

快手主播"爱笑的雪莉"，真名袁桂花，通过录制各种"土味"视频赢得了 360 多万粉丝，这个数量是她的家乡贵州省天柱县人口总数的 8 倍多。通过她，天柱县的腊肉、腊肠、豆腐乳、烤米酒等端上了城市餐桌。

2018 年，没上过大学的"雪莉"收到了一份"录取通知"，作为"快手幸福乡村带头人"，她和全国各地 10 多位乡村创业者一起去清华大学参加了"快手幸福乡村创业学院"的学习。

来自家乡的特产，总能勾起在外游子的乡愁。伴随着直播、短视频的兴起，越来越多的农民借助"网红"的力量，展示农村的风土人情。

山西省长治市武乡县岭头村农民魏宝玉被网友称呼为"宝玉"，现在扛上锄头下地干活，一定会带着三脚架、自拍杆。从 2017 年起，魏宝玉开始直播自己耕种、锄草、收获的全过程。他说，直播的目的就是让更多人看到小米是怎么种的，怎么收的，让人们吃着放心。

2018 年，魏宝玉在网上卖米就挣了七八万元。"现在供不应求，根本不愁卖。"他说，距离今年谷子收割还有半个多月时间，他的微店已经有 20 多位客户支付定金。

最近，为了拍出理想的效果，魏宝玉特意更换了一部拍摄功能更强的智能手机。像魏宝玉一样，很多村民也从"电商小白"成长为"专业卖家"，越来越多的农民、返乡大学生、致富带头人甚至村干部和县长，都当上了销售农产品的主播。

在 2019 年 9 月 23 日的中国农民丰收节里，众多像"雪莉""宝玉"一样的乡村主播被网民围观，通过实时互动，各类农产品创造了令人惊叹的交易量。

"手机变成了新农具，直播变成了新农活，数据变成了新农资。我们要打造永不落幕的丰收节。"阿里巴巴集团副总裁方建生说。

农村市场生意旺，电商带货全世界

在四川省青神县，柑橘种类多、产量大，过去对品牌塑造不够，价格不高。近年来，当地主推"青神椪柑"品牌，集中在线上销售。目前，全县共发展网店 2500 多个，电商企业 100 多家，从业人员 3500 余人。2019 年，实现网络零售额 11.74 亿元，同比增长 32%。

"过去，村民的柑橘丰收了，也不能及时卖到城里换成钱，严重制约了全村发展。"高台乡百家池村党支部书记刘如祥说，现在通过电商，柑橘从田间地头摘下来，很快就能卖到千里之外，有的还搭乘中欧班列卖到了欧洲。

新电商喷涌打通了农产品的上行通道，农产品的市场生命力逐渐增强。

百家椪柑专业合作社负责人周惠勤介绍，合作社目前有社员 178 户，柑橘种植面积 3500 余亩，其中标准化果园超过 2000 亩，全部纳入了统一质量管理体系，农户通过"组团"发展电商，要比"散户"自己闯市场有优势得多。

"这片地原本种的是老品种，2019 年 3 月，合作社帮农户进行了品种改良。"周惠

勤指着一片果树说，合作社还帮助社员在质量标准、生产技术、农资供给、品牌建设等方面实现了统一。

来自商务部的数据显示，2019年上半年，国家级贫困县网络零售额实现1109.9亿元，同比增长29.5%。截至目前，全国农村网商已接近1200万家，带动就业人数超过3000万人。

第九章

活动专题页装修与网店管理

【知识目标】

1. 掌握活动专题页装修的基础理论知识。

2. 掌握活动专题页的制作方法。

3. 了解网店管理的重要性。

【技能目标】

1. 了解活动专题页的设计流程。

2. 能够独立完成活动专题页装修。

3. 具备管理网店的能力。

【知识导图】

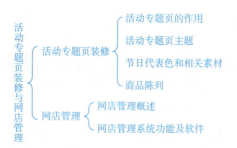

 情境导入

　　每逢各种节日的"黄金时段"商家都会准备很多活动来增加人气，设计节日类大促专题也成了电商的必备工作，铺天盖地的各式节日专题刺激着人们的眼球。对于电子商务营销推广来说，产品专题或者促销专题是非常重要的网络营销工具。一个设计精良、卖点鲜明、销售力强、符合用户体验的产品专题是提升销售转化率的有力保障。

　　春节快到了，设计部主管华昊发出一份任务单（见表9-1），要求设计春节促销专题页。

表 9-1　任务单

任务指派人	华昊	发出日期	12.5		
		完成日期	12.16		
任务名称	春节活动专题页装修				
任务要求	有明确细文档（见表 9-1 下方）列明要求 ☑ 其他：				
任务用途	首页 □	主题独立页	☑	官方承接页	□
	主图 □	直通车图	□	钻展图	□
	详情基础优化 □	详情深度优化	□	商品运营策划	□
	官方引流图 □	主题广告图	□	新品上新	□
	常规活动营销策划 □	主题活动策划	□	大型活动策划	□
	其他：				
自我检查		确认签名：			
组长检查		确认签名：			
验收人	按要求完成：是　　否	确认签名：			

明确细文档：

新春活动营销策划方案。

活动主题：新春大促。

营销策略：

（1）优惠券：3 元无门槛，满 50 元减 5 元，满 100 元减 10 元，满 300 元减 50 元。

（2）前 2 名免单商品：纸杯、抽纸、洗洁精、保温玻璃杯。

（3）现时秒杀：1 月 1 日 00：00 开始。

（4）五折抢购商品：汤勺、牙刷、牙膏、纸巾筒、毛巾、纸巾盒、洗发水、餐具。

（5）八折回馈商品：饭盒、纸手帕、抽纸、剪刀、玻璃杯、随手杯。

第一节　活动专题页装修

一、活动专题页的作用

　　活动专题页的作用就在于可以集中输出店家要表达的信息，提高消费者的关注度，给消费者提供与该主题相关的信息，进而推动消费者下决心购买。节日性专题具有上线时间比较短、受众广、形式多样等特点。活动专题页的使命：用户来了，就别想跑。那么，如何让专题页更有"杀伤力"呢？

电商专题要求做到主题氛围强烈，文案、整体颜色吸引消费者眼球，商品摆放逻辑清晰，优惠信息明显，正确引导消费者购买。

二、活动专题页主题

1. 直接表明优惠型（见图 9-1）

用优惠信息直接当作活动专题主标题，以优惠信息、奖品等直接吸引消费者，如全场五折、全场包邮、底价大促、国庆大促、中秋聚惠全场三折、买××送××、天天有特价等。

图 9-1　直接表明优惠型主题

2. 攻略排行引导型（见图 9-2）

攻略排行引导型活动专题页主题迎合用户需求，做成攻略或者排行榜形式，如十月放假美丽出行单品大攻略、十一出游必备物品 TOP70 大揭秘、情人节收获芳心攻略、假期出游计划、五一防晒攻略、母亲节给妈妈的信等。

图 9-2　攻略排行引导型主题

3. 立刻行动紧迫型（见图 9-3）

活动专题页文案中增加行动词可以传达给消费者行动信息，增强与用户的互动感，如国庆疯抢 24 小时、一元机票限时抢、抢福袋等。

图9-3　立刻行动紧迫型主题

三、节日代表色和相关素材

颜色是最直接的表现手法，掌握好节日的颜色特征，能更直接、准确地表达出相应的主题内涵。常见的节日代表色和相关素材见表9-2。

表9-2　节日代表色和素材

节日	相关颜色	相关素材
春节	红色、金色、中国红	灯笼、春联、爆竹、红包、中国结、梅花、福字
情人节	紫色、粉色、红色	巧克力、玫瑰花、爱心、礼盒、贺卡、绸带
妇女节	玫红色、丁香色	玫瑰花、蝴蝶花瓣、康乃馨
儿童节	鹅黄色、天蓝色、绿色	彩虹、天使、星星、气球、摩天轮、太阳、卡通人物
中秋节	普蓝色、红色、橙黄色	灯笼、祥云、月亮、夜空、月饼、嫦娥、玉兔
国庆节	中国红、黄色	天安门、国旗、牡丹花、中国、地图、灯笼

四、商品陈列

有些专题里面的商品陈列很随意，没有按照一定的逻辑来陈列，给消费者快速浏览造成障碍，如果消费者浏览到页面底部，想再返回寻找刚才看中的商品，就比较麻烦。那么，应如何解决商品陈列问题呢？

（1）在进行专题商品陈列时要进行细致的分区，可根据商品热销、品类、功能等进行划分，方便消费者浏览。从图9-4中的箭头指向可以看出这个专题共有6个优惠区，所展示的是第二个优惠区。

（2）商品按表格形式陈列，尽量避免出现多种按钮、文字颜色、文字字体，力求做到统一，如图9-5所示。

（3）若商品按散乱方式陈列，那么一定要用文字对商品做一些相应的提示，避免消费者混淆，如图9-6所示。

图 9-4 专题中的分区

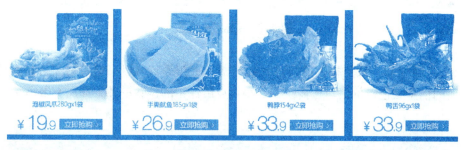

图 9-5 表格形式陈列

图 9-6 散乱方式陈列

（4）部分商品具有更低的优惠或者其他优秀属性，可以做一个标签，帮助消费者快速区分。但是不要盲目添加表示重点的标签、指示按钮等，标签也尽量不要遮挡商品，如图9-7所示。

213

图 9-7 快速区分标签

（5）主题中和"钱"相关的信息，如价格、折扣等，可以突出价格与折扣颜色，弱化不重要的信息颜色，价格写法需统一，小数点后保留的位数一致，如图 9-8 所示。

图 9-8 突出价格颜色

活动专题页装修

1. 实训目的

了解活动专题页制作的设计方法及步骤，为"阿靓爱好"文体店设计活动专题页并进行装修。

2. 实训准备

（1）组队：4～6 人一组，并选出一名组长，由组长分配好组员的工作。

（2）素材：商品图片若干。

3. 实训任务

请从活动专题页规划、活动专题页设计、活动专题页装修等方面入手，为"阿靓爱好"文体店设计活动专题页，活动主题、营销策略自拟。

4. 实训步骤

（1）策划专题页规划图。

（2）制作活动专题页。

（3）上传活动专题页切片。

（4）修改图片的链接地址。

（5）装修店铺活动专题页。

5. 任务实施

（1）画出"阿靓爱好"文体店活动专题页规划图。

（2）用 Photoshop 设计活动专题页。

（3）上传活动专题页切片到图片空间。

（4）修改活动专题页图片的链接地址。

（5）用自定义模块装修活动专题页。

第二节　网店管理

一、网店管理概述

1. 网店管理的定义

网店管理：第三方网店有专门的管理店铺的后台进行网店的管理。网店后台是 C2C 平台提供给店主进行网店管理的地方，只有店主在登录系统后才能看到和使用，消费者是无法操作的。也可以通过手机客户端进行网店的维护管理，包括刷新、修改、删除、查询信息等。

网店作为一种社会组织，其特点在于它的营利性，因此网店管理的目标就是赢得利润。网店管理活动的中心是人，由人来进行，并服务于人，要充分认识人的需求的丰富性和复杂性。改善薪资收入、工作环境等物质因素当然重要，但是得到认可与尊重、情感交流、技能获得长进等精神方面的因素也不容忽视。

2. 如何做好网店管理

把网店管理好是一门艺术，管理、经营好网店要注意以下几点：

（1）店面布置要简洁大方，这样方便消费者浏览和查找。第一时间要展示主打产品，

给消费者看重点。

（2）做好商品管理，商品摆放和更新直接影响消费者对商家的信任。商品分类和陈列要规划好，还有一点是要及时更换新品，让消费者觉得网店有生机。

（3）做好推广工作，最主要的就是优化关键词。关键词优化得好，消费者就可以快速地搜索到你的商品，这样在与同行的竞争中你就处于优势。

（4）做好售后服务。

二、网店管理系统功能及软件

现在许多商家做电子商务时都想借鉴淘宝、天猫商城这样的多店铺商城，在成本问题上，会选择购买多店铺的商城系统来搭建商城网站。市面上有多种多样的商城系统开发商，要想选择好的店铺管理系统，首先要了解商城系统的功能，其次考虑价格问题。那么店铺管理系统应具备哪些功能呢?

（一）网店管理系统前台功能

1. 网店的商品搜索功能

商品的搜索功能可以让消费者按照自己的需要在搜索框里输入关键词快速寻找到商品以及相关店铺，是多店铺商城的重要功能之一。

2. 多店铺的商品展示功能

商品展示主要展示的是商品的描述、价格、属性、详情以及客户的评论信息，让消费者在购买前可以对商城网站上的商品有一个全面的了解。

3. 网店的客户管理功能

客户管理功能就是方便消费者集中对订单进行查看、收藏、配送地址设置、留言评论等操作。

4. 网店的商家后台管理功能

商家后台管理功能可以让商家进行开店申请、商品上传、订单管理、设置支付方式和店铺模板等。

5. 网店的购物车功能

购物车功能是为了方便消费者将在商城购物时把需要的商品添加到购物车后，进行统一提交付款，节约了消费者的时间。

6. 网店的商品交易功能

商品交易功能是网店的基本功能，消费者可以通过在线提交订单，选择付款方式和送货方式，商家根据消费者的信息发货，完成商城网站的交易。

（二）网店管理系统后台功能

1. 网站店铺管理

网站店铺管理具体包括店铺审核、店铺等级、店铺分类、店铺状态设置等相关店铺管理操作。

2. 网站营销模式

商城系统都会有多种营销模式来推广宣传商城网站，如通过短信、邮件等方式向客户推送信息。

3. 模版设置功能

商城系统内置多样化的店铺设置模板，拥有可视化编辑功能，可以让商家自由布局，自定义打造个性网站店铺。

4. 商城网站管理

网站后台管理是商城网站管理员用来发布网站相关新闻和广告管理的工作。

（三）网店管理软件

网店管理软件是指管理软件提供商针对近年来流行的网店经营方式提供的一种进销存软件、平台辅助软件、销售支持软件以及其他面向用户习惯和用户需求的支持软件。随着网店管理软件各种功能的不断积累，各种版本的不断改进，市场上网店管理软件的种类非常多，而且能适应客户的某些特定的需求，如淘宝助理的指定页面下载，可以把指定页面的指定商品下载到自己的店铺中；另外还需对用户的销售决策有数据支持，如用户访问量统计分析的量子恒道；还有对用户的流程规范管理，如 ERP 管理软件。

网店管理软件可分为以下几种。

1. 安装类管理软件

安装类管理软件由软件提供商提供安装源，用户只要安装于个人电脑或服务器上即可对网店进行商品管理、销售管理、库存管理，让进销存一目了然。此类软件包括以下常见内容：实时显示库存，库存管理，订单管理，入库、出库数据，数据统计报表，网银（如支付宝）的管理以及发货流程的管理。

2. 应用类管理软件

应用管理类软件是一种信息化租用管理平台，即云 ERP 软件，也就是在云计算模式下，服务商提供一整套网络销售软件与服务器等硬件设备和专业服务，网商每月只需支付少量租金，将计算机通过互联网接入服务平台，就可享受到电子商务 IT 系统服务，包括网店的商品管理、订单管理、物流管理、销售管理、客服管理、顾客管理、财务管理等，随时远程掌控网店运营的各种信息，轻松进行网店管理。

（四）管理方式

网店后台是 C2C 平台提供给店主进行网店管理的地方，只有店主在登录系统后才能看到和使用，消费者是无法操作的。

具体操作步骤如下：

（1）用淘宝账号登录到"卖家中心"，在左侧"店铺管理"栏目单击"宝贝分类管理"，即可进入"宝贝分类管理"页面，如图 9-9 所示。

（2）在"宝贝分类管理"页面中可以修改商品分类。如果没有建立商品分类，可以单击"添加新分类"按钮，添加一个分类，简单明了，如图 9-10 所示。

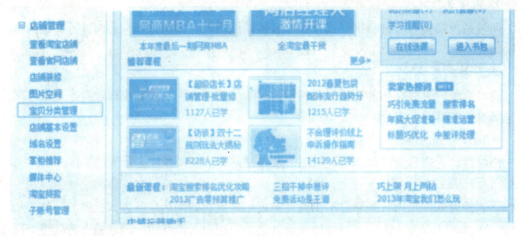

图9-9　店铺分类管理

图9-10　添加新分类

（3）设置好文字分类后，单击该分类标题右边的"添加图片"按钮，如图9-11所示。

图9-11　添加图片

（4）将设计好的分类图片上传到图片空间中，然后选择对应的分类图片，选择"复制链接"命令。

（5）在"图片地址"文本框中粘贴图片网络地址后，单击"确定"按钮，即可添加商品分类图片。

（6）依次添加其他的图片分类，包括二级栏目都可以加。最后一定要记得单击"保存"按钮。此时查看店铺主页，可以看到添加完分类图片后的效果。

（五）为网店添加计数器

网店计数器又叫流量统计器，它是一个可以记录访客来源地址（包括IP、转入地址、搜索引擎地址、关键词、IE浏览器型号等）、被访问页面地址（受访页面、停留时间、转出地址等）的数字递增的源代码程序。

源代码放置在网页中，每次有客户浏览到这个网页时就会触发这个源代码程序工作，然后全程记录所有信息，并以数字递增的方式把结果统计出来传到服务器，再到服务器后台进行具体分析并实时保存，这就是网店计数器的原理。

1. 概念与区别

（1）IP、PV、UV的定义。

IP（独立IP）：Internet Protocol，指独立IP数。0：00—24：00内相同IP地址只被计算一次。

PV（访问量）：Page View，指页面浏览量或点击量，客户每次刷新即被计算一次。

UV（独立访客）：Unique Visitor，访问店铺的一台PC客户端为一个访客。00：00—24：00内相同的客户端只被计算一次。

（2）IP、PV、UV的区别。

IP（独立IP）：某IP地址的计算机访问网店的次数具有真实性，所以是衡量网店人流量的重要指标。

PV（访问量）：反映的是浏览网店的页面数，所以每刷新一次也算一次。就是说PV与来访者的数量成正比，但PV并不是页面的来访者数量，而是网店被访问的页面数量。

UV（独立访客）：可以理解成访问网店的计算机的数量。网站判断来访计算机的身份是通过来访计算机的Cookies实现的。如果更换了IP后但不清除Cookies，再访问相同网店，该网店的统计中的UV数是不变的。

2. 指标

（1）被访页面。

被访页面，顾名思义，就是受访的页面，停留了多长时间，又转到哪个页面去了。

（2）来源页面。

来源页面指访问IP是从哪里来的（如浏览器直接输入、百度引擎、友情链接店铺等）。

（3）时间统计。

时间统计指什么时间网店访问量最多，什么时间最少（可以根据这个调整商品上下架时间）。

（4）天数统计。

天数统计与时间统计相似，但分析方式不一样（这个月的哪一天访客人数多，访客多的那一天卖了多少单，访客少的那一天有没有订单等）。

（5）月数统计。

月数统计与天数统计一样，统计数据越多，分析就越具有权威性。

（6）关键词与搜索引擎。

关键词与搜索引擎主要是来源页面中的一项结果。（可以根据关键字看出客户是搜索什么关键字来的店铺，哪些关键词客户用得最多，这样就可以调整商品名称；或者分析这些关键字是从哪里来的，如百度引擎、360 搜索等，这样可以根据引擎来源做网店的优化。）

3. 为网店添加计数器

网店和实体店一样，有人流才有钱流，实体店的人流量可以精确统计，但网店流量就不是凭人力所能统计的了，需要一个流量统计器。一般在淘宝箱里面可以加一个流量计数的计数器。为了节约成本，最好是使用免费的，在此使用 51.La 对添加计数器做说明。

选择 51.La 统计器的原因是其强烈的设计图标风格、强大的统计功能，对于淘宝店铺来说可查看 IP 来源、IP 数、PV 流量、受访页面、省份城市、操作系统等。

（1）在使用前，需要先注册一下网店信息和站长信息。搜索打开 51.La 的统计器官方网站 www.51.La，如图 9-12 所示。

图 9-12　51.La 统计器官方网站

（2）登录过后，找到菜单"添加统计 ID"，详细写上要添加的网站信息。

（3）提交过后，51.La 会自动创建统计 ID。统计 ID 创建成功后，直接打开"获取统计代码"菜单，找到"特殊用途代码"选项，复制其中的蓝色底纹的一段代码，这是淘宝店铺中需要的代码。

（4）打开淘宝"店铺管理"界面中"编辑宝贝分类"的页面，新建一个分类，命名为"51.La 统计"，并且添加分类图片，将刚刚复制的蓝色底纹代码粘贴到分类图片中，点击保存。

此外，51.La 也可以用于独立网站的流量统计，方法很简单，直接将"统计计数代码"复制粘贴到网页的统计代码区就可以了。

本章学习了电商专题，要求做到主题氛围强烈，文案、整体颜色吸引消费者眼球，商品摆放逻辑清晰，优惠信息明显，正确引导消费者购买。

专题页主题有直接表明优惠型、攻略排行引导型、立刻行动紧迫型。

掌握好节日的颜色特征，能更直接、准确地表达出相应的主题内涵。

有些专题里面的商品陈列很随意，没有按照一定的逻辑来陈列，给消费者快速浏览造成障碍，如果消费者浏览到页面底部，想再返回寻找刚才看中的商品，就比较麻烦。因此，在商品陈列时要遵循五个原则。

学习了如何运用技术手段等对网店进行有效管理。

课后练习

1.通过对本章的学习，请你为自己的店铺设计一个活动专题页并进行装修。

2.简述如何管理网店。

拓展阅读

"双十一"购物狂欢节

"双十一"购物狂欢节，是指每年 11 月 11 日的网络促销日，源于淘宝商城（天猫）2009 年 11 月 11 日举办的网络促销活动，当时参与的商家数量和促销力度有限，但营业额远超预想的效果，于是 11 月 11 日成为天猫举办大规模促销活动的固定日期。"双十一"已成为中国电子商务行业的年度盛事，并且逐渐影响到国际电子商务行业。

2014 年 11 月 11 日，阿里巴巴"双十一"全天交易额 571 亿元。2015 年 11 月 11 日，天猫"双十一"全天交易额 912.17 亿元。2016 年 11 月 11 日 24 时，天猫"双十一"全天交易额超 1207 亿。2017 年"双十一"天猫、淘宝总成交额 1682 亿元。2018 年天

猫"双十一"全天交易额 2135 亿。

交易数据

2009 年"双十一"销售额 0.5 亿元,共有 27 个品牌参与。

2010 年"双十一"销售额 9.36 亿元,共有 711 家店铺参与。2010 年淘宝商城"双十一"全场五折大促销曾创下单日 10 亿元的销售纪录。2010 年淘宝"双十一"狂欢节当天共有 2100 万用户参与了疯狂抢购。0 点 13 分,第一个"100 万元店"产生;零点 39 分,博洋家纺旗舰店成为第一个"500 万元店"。一天的集中抢购结束后,淘宝商城总计诞生了 181 家百万级店铺、11 家千万级店铺,其中 JACK& JONES、博洋家纺、尚客茶品、名鞋库、PBA 等销量尤为突出。

2011 年天猫"双十一"销售额 33.6 亿元,淘宝和天猫共 52 亿元,2200 家店铺参与。0 点上线,8 分钟突破 1 亿,21 分钟突破 2 个亿,一个小时将近 5 个亿,10 个小时 10 亿,13 个小时 15 亿,最后仅淘宝商城的销售额就有 33.6 亿元,全网 52 亿元,相当于每一个中国人当天花费了 4 元钱。消费者最疯狂的省份:第一名浙江,第二名江苏,第三名广东。浙江全省消费 4.15 亿元,按城市来讲上海是最疯狂的,超过 2 个亿,北京和杭州分别排第二和第三。"双十一"购物狂欢节中,支付宝交易笔数高达 1.058 亿笔,通过无线设备支付订单笔数共有近 900 万笔,为 2011 年的 5 倍,在整体支付中的占比则提高到 8%。

2012 年"双十一",天猫和淘宝总销售额达到 191 亿元,其中天猫 132 亿元,淘宝 59 亿元。2012 年 11 月 11 日无线支付的峰值出现在凌晨,5 分钟内成交 10.6 万笔,而 2011 年无线支付的峰值为 5 分钟内 1 万笔。截至 2012 年 11 月 11 日中午 12:00,支付宝无线支付的笔数已经超过 400 万笔,为 2011 年 11 月 11 日当天全部无线支付笔数的 2 倍。

2013 年"双十一"销售额 350 亿元,超过 2012 年 191 亿元的销售总额用了 13 个小时。2013 年 11 月 11 日当天,支付宝交易额过百万的手机淘宝卖家数达到 76 家。排名榜首的 JACK& JONES 官方旗舰店,当日交易金额达 630 万元,ochirly 官方旗舰店和 GXG 官方旗舰店分列二、三位。而女装、男装、女鞋、内衣家居服和美容化妆品成为手机淘宝成交最为活跃的类目。从成交的区域分布来看,上海、北京和杭州分列前三位,形成第一集团,成都、宁波、广州、武汉和重庆依次位列四到八名。

2014 年"双十一"销售额 571 亿元,作为阿里巴巴上市之后的第一个"双十一",13 个小时就超过 2013 年 350 亿元的销售总额。2014 年 11 月 12 日凌晨,阿里巴巴公布了"双十一"全天的交易数据:支付宝全天成交金额为 571 亿元,移动占比 42.6%。

2015 年"双十一"全球狂欢节,淘宝、天猫平台的在线交易额突破 10 亿耗时仅 72 秒;12 分 28 秒时交易额突破 100 亿,全天交易额超 912 亿元,其中移动端占比 68%;累计物流订单 4.68 亿,累计电子面单生成量 1.21 亿;全球已成交国家/地区 232 个。京东公布的数据显示,自 11 月 1 日到 11 日,总下单量过亿,与 2014 年同期相比增长 130%,交易额同比增长超过 140%,移动端下单量占比达 74%。

2016 年"双十一"购物狂欢节上,开场 52 秒钟,淘宝系交易额超过 10 亿元;6 分 58 秒,成交额超过100亿元；6时54分53秒，超571亿，达2014年"双十一"全天水平；中午12时整，达807亿；15时19分13秒，超912亿，破2015年"双十一"全天交易额纪录。0点9分39秒，支付宝的支付峰值达到12万笔/秒，前10分钟内，支付宝的移动支付笔数占比达92%；在支付方式的选择上，花呗和余额宝笔数占比分别为29%和18%。2016年"双十一"购物狂欢节天猫交易额达1207亿元。15个小时天猫销售额达到2015年的912亿元的销售总额，线上占比为82%。

2017年"双十一"成交额重要节点数据：0分11秒，天猫"双十一"成交额破亿元；0分28秒，成交额超过10亿元；3分01秒，成交额超过100亿元；3分13秒，无线成交额超100亿元；6分05秒，成交额超200亿元；11分14秒，成交额破300亿元；40分钟左右，成交额破500亿元；1小时0分49秒，成交额超过571亿元，超过2014年"双十一"全天成交额；7点22分54秒成交额达912亿元，超过2015年"双十一"全天成交额；9点00分04秒，成交额超1000亿元；10点40分48秒，无线成交额超1000亿元；12点整，成交额1161亿元；13点09分49秒，成交额超1207亿元，已超2016年"双十一"全天成交额；16点整，成交额超1307亿元；17点整，成交额超1346亿元；21点12分，成交额超1500亿元。截至24点，第九届天猫"双十一"全球狂欢节最终成交额1682亿元，无线成交额占比90%。全球消费者通过支付宝完成的支付总笔数达14.8亿笔，比2016年增长41%。全球225个国家和地区加入2017天猫"双十一"全球狂欢节。

其他相关数据：

5分22秒，新的支付峰值诞生：25.6万笔/秒，比2016年增长超1.1倍，数据库处理峰值同时诞生，达4200万次/秒；7分23秒，支付宝的支付笔数突破1亿笔，这相当于5年前（2012年）"双十一"全天的支付总笔数；12分18秒，2017年天猫"双十一"首单在上海嘉定签收；33分钟，天猫"双十一"的进口第一单在宁波签收；69分钟，天猫"双十一"农村地区第一单在贵州签收；9点36分，菜鸟物流订单破4.67亿，超过2015年"双十一"全天物流订单；18点49分，菜鸟物流订单量突破6.57亿，超越2016年"双十一"全天物流订单。

2018年"双十一"全球狂欢节，02分05秒，100亿元；04分01秒，200亿元；09分05秒，300亿元；15分00秒，400亿元；26分03秒，500亿元；28分41秒，520亿元；35分17秒，2018天猫"双十一"总成交额超571亿元，超过2014年天猫"双十一"成交总额；40分31秒，600亿元；1小时01分03秒，700亿元；1小时04分23秒，800亿元；1小时14分33秒，900亿元；1小时16分37秒，2018天猫"双十一"成交额超912亿元，已超过2015年天猫"双十一"全天成交额；1小时47分26秒，1000亿元；8小时8分52秒，1207元亿；15时49分39秒，2018天猫"双十一"成交额超1682亿元，已超过2017年天猫"双十一"全天成交额；22时28分37秒，2018天猫"双十一"成交额超2000亿元。2018天猫"双十一"全天交易额2135亿元，再创历史新高。23时18分09秒，2018天猫"双十一"当日物流订单量超过10亿。

参考文献

[1] 创锐设计. 淘宝天猫网店设计从入门到精通 [M]. 北京：人民邮电出版社，2015.

[2] 杜清萍. 商务办公软件与设备应用实训教程 [M]. 北京：科学出版社，2010.

[3] 方国平. 淘宝美工店铺装修实战宝典 [M]. 北京：电子工业出版社，2015.

[4] 格格坞. 网店赢家——淘宝店铺装修与推广 [M]. 北京：电子工业出版社，2009.

[5] 葛存山. 淘宝网开店、装修、管理、推广一册通 [M]. 北京：人民邮电出版社，2013.

[6] 恒盛杰资讯. 打造人气淘宝店：网上开店、装修与交易全程实录 [M]. 北京：科学出版社，2011.

[7] 胡冬申. 淘宝网店实战宝典 [M]. 北京：北京联合出版公司，2015.

[8] 刘梅彦，徐英慧. 动态网页制作教程 [M]. 北京：清华大学出版社，2010.

[9] 卢坚，鲍嘉. 店铺装修宝典 [M]. 北京：人民邮电出版社，2009.

[10] 麓山文化. 淘宝新手店铺装修一本通 [M]. 北京：机械工业出版社，2014.

[11] 吕庆莉. 新编中文 Photoshop CS3 基本教程 [M]. 西安：西北工业大学出版社，2008.

[12] 商玮. 电子商务网页设计与制作 [M]. 北京：中国人民大学出版社，2011.

[13] 淘小二. 淘宝、天猫、微店实战一本通：开店、装修与推广 [M]. 北京：人民邮电出版社，2016.

[14] 王红卫. 网店装修就这么几招 [M]. 北京：清华大学出版社，2014.

[15] 王克富，傅俊. 网页设计与制作 [M]. 北京：人民邮电出版社，2009.

[16] 王楠. 网店美工宝典 2015 版 [M]. 北京：电子工业出版社，2015.

[17] 王珊，陈长桉，林芝屹，等. 网店视觉营销 [M]. 北京：电子工业出版社，2013.

[18] 王淑清. 网店经营与管理 [M]. 北京：化学工业出版社，2015.

[19] 吴琪菊，费一峰. 淘宝网开店与交易 [M]. 北京：清华大学出版社，2010.

[20] 武新华. 淘宝网店铺装修实战 [M]. 北京：化学工业出版社，2010.

[21] 叶生辉，张战旗，王小建，等. 网店美工实操 [M]. 北京：电子工业出版社，2013.

[22] 张航，王秀华，李伟. 网店装修入门与提高 [M]. 北京：清华大学出版社，2012.

[23] 智云科技. 网店装修与推广 [M]. 北京：清华大学出版社，2016.

[24] 智云科技. 网上开店、装修与推广 [M]. 北京：清华大学出版社，2015.

[25] 淘宝大学. 视觉不哭——美人心计，视觉营销夺流量 [M]. 北京：电子工业出版社，

2014.

[26] 淘宝大学 . 网店视觉营销 [M]. 北京：电子工业出版社，2013.

[27] 曹明元 . 电子商务网店美工与视觉设计 [M]. 北京：清华大学出版社，2015.

[28] 王楠 . 网店美工 [M]. 北京：电子工业出版社，2014.

[29] 淘宝大学 . 网店美工实操 [M]. 北京：电子工业出版社，2014.

[30] 一线文化 .Photoshop 网店美工设计 [M]. 北京：中国铁道出版社，2015.